KB233992

서울시 주거지 경관문제의 이해

변화와 재생의 관점에서 보기

UNDERSTANDING OF RESIDENTIAL-
LANDSCAPE ISSUES IN SEOUL

서울시 주거지 경관문제의 이해

변화와 재생의 관점에서 보기

방재성 지음

경치를 의미하는 경(景), 관점을 의미하는 관(觀)
서울의 주거지 경관에는 어떠한 문제들이 있을까?

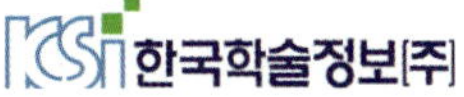

서울의 경관은 지난 600여 년간 끊임없이 변화하여 왔다. 조선과 대한민국의 수도로서 유구한 역사를 증명하고 있다. 그러나 서울은 이와 같은 과거의 역사를 느끼기 어려운 도시로 변모하였다. 600년이 넘는 도시의 역사는 고궁과 박물관, 일부 한옥 보존지역에서 감상할 수 있을 뿐, 우리가 살아 움직이는 일상적인 도시에서는 전통과 문화, 그 장소성을 체감하기 어렵다. 편리함과 새로움을 추구하며 도시의 역동성이 강조되는 현실에서 오래된 건물, 오래된 길의 중요성은 간과되고 그 속의 사람들과 기억들은 쉽게 잊힌다. 이러한 것들은 경제적 가치와 힘의 논리에 파묻힐 뿐이다.

1960년대 이후 급격한 도시성장과 개발로 인해 서울의 도시공간구조와 경관은 과거의 모습을 확인할 수 없는 상태로 변하였다. 1994년 남산 외인아파트의 폭파 이후 도시경관은 그 중요성이 부각되며 일반인들의 관심 영역으로 진입하였다. 또한 도시 주거지 문제에 대한 인식이 양에서 질로 변화하면서 주거환경이나 도시경관문제가 부각되고 있다. 그러나 시각적으로 영향이 크거나 인지가 잘 되는 지역에 대한 관심은 높아졌으나 도시민 생활의 기반인 주거지에 대해서는 논의가 부족하다. 도시경관의 질적 향상과 증진은 많은 도시민의 일상적인 생활이 이루어지는 공간, 환경, 경관에 대한 관심에서 시작되지 않을까 싶다. 이 책에서는 눈에 잘 보이지 않아도 중요한 것, 일상적인 것, 기본적인 것에서 출발하여 경관을 보고자 하였다. 이런 맥락에서 이 책에서는 도시경관 중 주거지 경관에 초점을 맞추었다.

이 책은 기존의 주거지 경관연구가 건물의 변화와 관련된 시각적인 변화에 집중해 온 것에 대한 문제의식에서 출발하였다. 주거지 경관 문제는 단순히 시각적인 양상으로만 바라볼 수 없으며 그 이면에 내재하는 복합적인 요소들의 상호 작용으로 생기는 구조화된 문제이기 때문이다. 이 책에서는 경관의 개념을 확장하여 주거지 경관 문제를 '주택유형 획일화에 의해 발생하는 경관요소의 변화 양상, 방식, 속도의 문제'로 규정하였다. 도시형태학적 관점에 기반을 두어 건물, 필지, 도로, 오픈스페이스를 주거지 경관요소로 보고 경관요소와 주택유형 변화의 구조적 관계에 주거지 개발 규제가 어떠한 특성과 방식으로 영향을 미치는지를 살펴보았다. 이를 토대로 서울시 주거지 경관변화와 개발 관련 법제의 관계를 규명해 보고자 하였다.

　이를 위해 1960년대 중반 이후 서울의 주택정책과 이에 따른 주거지 개발방식을 대표하는 지역으로 화곡, 옥수, 잠실, 도곡 4개의 연구대상지를 선정하여 분석하였다. 이 책에서는 서울시의 주요 주택유형인 단독주택, 다가구, 다세대, 아파트, 주상복합을 동시에 비교 분석함으로써 주거지 경관변화 관리의 이론적 기반을 제공하고, 주거지 경관연구를 시각적 분석에서 구조적 이해의 문제로 전환시키고자 하였다. 또한 주택유형과 경관요소에 대한 균형 잡힌 시각의 필요성을 요구하며 도시형태학적 관점의 경관연구 방법론을 제시하고자 하였다.

　이 책은 학부생, 대학원생의 연구 입문서나 관련 분야 전문가의 실무 활용서로 쓰였으면 하는 바람으로 구성하였다. 1장은 경관의 개념과 주거지 경관문제를 보는 시각에 대해 설명하였다. 2장에서는 기존의 경관연구를 주거지 관점에서 고찰하였고, 3장에서는 서울시의 시기별 주거지 개발방식과 주택유형 변화를 고찰하였다. 4장은 서울시의 주택 관련 법제와 주거지 관리 방식을 설명하였고 이와 관련하여 5장과 6장에서는 주거지 경관요소인 건물, 필지, 도로, 오픈스페이스의 규제 방식을 설명하였다. 7~11장은 단독주택지, 재개발, 재건축, 주상복합의 주거지 개발방식별로 주택유형, 필지, 도로, 건물, 오픈스페이스의 변화를 고찰하고 주택 관련 법제와의 관계를 설명하였다. 마지막으로 12장에서는 서울시 주거지 개발 규제와 경관변화의 관계를 정리하였다.

　그러나 서울시 주거지 경관변화를 대표할 수 있는 4개 지역을 대상으로 하여 주택 관련 법제와 경관변화의 관계를 파악하였기에 일반해로 적용하기에는 한계가 있다. 향후 추가적인 연구를 통해 이론의 정교화가 필요하리라 판단된다. 또한 주거지 경관변화의 원인을 주택 관련 법제로 한정하였기 때문에 다른 설명요인을 포함하여 분석의 범위를 넓혀 나가야 하는 과제를 남기고 있다.

이 책은 저자의 박사학위 논문을 토대로 써졌다. 주택과 경관 분야의 수많은 선행 연구가 없었다면 이 책은 나오지 않았을 것이다. 선배 연구자 모든 분들에게 감사드린다. 특히 논문을 지도해 주신 양병이 교수님과 심사를 통해 이 책의 토대인 박사학위 논문의 완성도를 높여 주신 임승빈, 김광중, 정석, 이희정 교수님께 감사드린다. 또한 이 책을 편집하느라 고생하신 이주은, 김매화 선생님과 한국학술정보 (주) 출판사업부 분들께 감사드린다. 마지막으로 꿋꿋이 나를 지지해 준 아내에게 사랑과 감사를 전한다. 이 책이 경관을 연구하는 사람에게 도움이 되었으면 한다. 학위논문을 수정하면서 학술적 문체를 읽기 편하게 바꾸고자 하였으나 쉽지 않은 작업이었고 내용적 보완은 허술하기 그지없다. 이 책의 부족한 점은 모두 저자 책임이다.

2012년 1월

저자 방 재 성

Contents

머리말 · 4

01 주거지 경관문제 어떻게 볼 것인가? _ 13

1. 경관의 개념과 관점 _ 15
2. 주거지 경관 요소 _ 20
3. 서울시의 경관문제 _ 23
4. 경관문제의 가변성과 복합성 _ 28
5. 주택유형과 경관문제 _ 31

02 주거지 경관 연구의 경향 _ 35

1. 건축, 도시, 조경 분야의 경관연구 _ 37
2. 도시형태학과 경관 _ 39
3. 주택유형 변화 _ 43

03 주거지 개발방식과 주택유형의 변화 _ 47

1. 1960년대: 주거지의 평면적 확대 _ 50
2. 1970년대: 강남개발과 아파트의 확산 _ 53
3. 1980년대: 택지개발, 합동재개발, 다세대주택의 등장 _ 57
4. 1990년대: 재건축사업, 다가구주택, 주상복합의 활성화 _ 60

5. 2000년대: 뉴타운사업 _ 62

6. 서울시 주택유형의 변화 _ 65

04 주택 관련 법제와 주거지 관리 _ 69

1. 주택 관련 법제와 경관변화의 관계 _ 71

2. 서울시의 주거지 관리방식 _ 75

3. 주거지 경관 규제의 특성 _ 82

05 건물 규제의 방식과 내용 _ 87

1. 건물 높이 및 층수 규제 _ 90

2. 주택규모 규제 _ 105

3. 건물배치 규제 _ 115

06 필지, 도로, 오픈스페이스 규제 방식과 내용 _ 117

1. 필지 규제 _ 119

2. 오픈스페이스 규제 _ 122

3. 도로 규제 _ 132

07 단독주택지의 주택유형 변화 _ 139

1. 화곡 토지구획정리사업 _ 142
2. 1980년대 주택유형의 변화 _ 145
3. 1990년대 이후 주택유형의 변화 _ 148
4. 주택유형 변화와 규제의 관계 _ 153

08 재개발과 주상복합 _ 159

1. 재개발과 주택유형 변화 _ 161
2. 주상복합의 도입과 활성화 _ 166

09 필지와 도로의 변화 _ 179

1. 단독주택지 필지 변화 _ 182
2. 재개발에 의한 필지와 도로의 변화 _ 186
3. 재건축에 의한 필지와 도로의 변화 _ 190
4. 주상복합지역의 필지와 도로 변화 _ 195

10 건물의 형태 변화 _ 197

1. 단독주택지 건물의 형태 변화 _ 199
2. 재개발에 의한 건물의 변화 _ 204
3. 재건축에 의한 건물의 변화 _ 211

11 외부공간의 변화 _ 219

1. 단독주택지 외부공간의 변화 _ 221
2. 재개발과 외부공간의 변화 _ 225
3. 재건축과 외부공간의 변화 _ 229
4. 주상복합지역 외부공간의 특성 _ 233

12 서울시 주거지 개발 규제와 경관변화의 관계 _ 237

부록 서울시 주택 관련 법제와 주거지 형성 연혁 _ 253

참고문헌 _ 261

주거지 경관문제 어떻게 볼 것인가?

1. 경관의 개념과 관점

경관(景觀)이라는 단어는 경치, 풍경 등의 단어와 유사한 의미로 사용되고 있다. 경치와 풍경 등은 가치중립적 의미로 많이 쓰이는 반면 경관은 단어의 앞뒤에 다른 수식어가 붙으면서 학술적인 용어로 많이 활용되고 있다. 경관은 경치를 의미하는 경(景)과 관점을 의미하는 관(觀)이라는 한자로 이루어져 있다. 경치 외에 보는 행위, 더 나아가 관점을 의미하는 주체의 참여가 담겨져 있다. 즉 경관은 경치를 보는 사람의 관점에 따라 달라지는 가변적이고 상대적인 경치나 대상, 혹은 인식이라고 할 수 있다.

따라서 경관은 조경학, 문화지리학, 경관생태학, 도시계획학, 도시설계, 건축학 등 다양한 분야에서 연구하고 있으며 학문별로 경관을 보는 이론과 주제가 다르다. Meinig(1979)는 경관과 유사한 개념으로 자연, 풍경, 환경, 장소 등을 지적하였으며 황기원(1989)은 경관을 한정된 토지, 경치, 조경, 지역으로 정의하기도 하였다. 이처럼 경관은 하나의 의미로 명확하게 규정할 수 없으며 연구자의 관점에 따라 달라지는 다의성(多義性)을 가지고 있다.

일반적으로 경관은 가시적인 자연 및 인공풍경, 토지 및 동식물생태계뿐만 아니라 비가시적인 인간의 사회적, 문화적 활동까지도 포함하는 것으로 본다. 따라서 경관은 "일차적으로 '보이는 풍경'을 뜻하나, 이차적으로는 보이는 풍경에 내재하고 있는 자연생태계의 작용, 인간의 활동 등과 관련된 의미를 함축하고 있는 것"으로 개념화되는 것이 일반적이다(임승빈, 1991, p.2).

경관은 인간의 개발 혹은 간섭 여부에 따라 문화경관(인공경관) 혹은 자연경관으로 구분된다. 대표적인 문화경관으로는 도시경관과 농촌경관을 들 수 있다. 농촌이 비교적 도시에 비해 자연적인 환경을 유지하고 있어 자연경관으로 오해하기도 하지만 실상 사람들의 정주와 경작행위, 즉 인간의 활동과 관련되어 있으므로 문화경관이라고 할 수 있다. 반면 인간의 활동보다는 자연생태계의 영향이 큰 산림, 평야, 바다와 같은 곳은 자연경관으로 구분할 수 있다. 일반적으로 지리적, 환경적 단위로 경관을 구분하고 있다. 이 책에서는 주로 도시경관을 다루는데 그중에서도 주거지경관에 초점을 맞추었다. 주거지경관은 도시지역 중 주거지에 해당하는 지역의 경관으로 이해하는 것이 쉬울 듯싶다. 주거지 경관을 설명하기 전에 우선 도시경관의 의미에 대해 알아보기로 한다.

앞서 설명한 바와 같이 도시경관도 주체의 관점에 따라 다양한 시각이 있다. 도시경관은 Townscape, Urban Landscape, Built landscape,

Cityscape 등으로 번역되는데 용어와 개념에서 약간의 차이가 있다.

Townscape은 영국의 건축학자 Gordon Cullen이 1961년에 펴낸 『Townscape』이라는 저서에서 유래된 것으로 보인다. Townscape은 경관을 뜻하는 landscape에서 -scape가 접미사로 분리되어 도시를 뜻하는 Town과 결합하여 도시의 경관, 즉 Town's landscape, 또는 Landscape of town이라는 용어가 된 것으로 추정된다. 이 개념은 도시의 물리적인 상황에 관심이 많은 건축가, 도시설계가들이 선호하는 것으로서, 도시를 구성하는 건물과 공간의 형태, 배치, 구성, 외관, 분위기 등을 형식미 이론체계를 통해 분석한다. 이 관점에선 도시환경을 구성하는 건물과 같은 인공요소와 산, 하천, 나무 등의 자연요소가 인간의 눈에 지각되는 상황을 도시경관으로 정의한다. 따라서 도시경관을 구성하는 요소들의 개별적인 외관보다 군집화된 "집체적 형태(Collective form)" 혹은 공간을 중시한다고 할 수 있다(황기원 외, 1993).

이와 달리 지리학의 문화경관론적 관점에서는 Urban Landscape이라는 용어를 주로 사용한다. 문화경관(Cultural Landscape)이라는 개념은 미국 지리학자 Carl O. Sauer가 1925년에 쓴 논문 「The Morphology of Landscape」에서 정의되었다. 그는 경관을 "물리적인 형태와 문화적인 형태가 뚜렷이 연관되어 있는 지역"으로 정의하였으며 특정인에 의해 조망되는 특정풍경이 아니고 이러한 개별적인 특정풍경을 다수 관찰하여 귀납적으로 추상화한 것을 일반적인 풍경으로 보았다(황기원, 1984, pp.96~97). 이 개념은 경관을 형태적 개념으로 정의하고 있는 현대지리학의 도시형태(Urban Morphology) 개념과 유사하다. 도시의 형태가 진화하는 현상을 형성과정의 관점에서 연구하는 형태론적(Morphological) 접근은 19세기 후반과 20세기 초에 걸쳐 독일 중심의 유럽 학계에서 슐뢰터(Schlüter), 하씽어(Hassinger), 프리츠(Fritz) 등에 의해 시작되었다.

특히 슐뢰터는 문화지리학의 연구과제가 '문화경관의 형태학'임을 주장하였다. 그는 지상에 있는 가시적이고 가촉적인 인공형태를 상세하게 묘사하고, 역사의 과정과 자연의 맥락 속에서 일어나는 인간의 목적과 행위라는 관점에서 형태를 기능적으로 설명하자고 주장하였다. 그는 형태를 단순하게 기술하는 것이 아니고 형태와 기능과 발전(역사)의 세 가지 국면을 묶어서 해석하자고 주장하였다(Whitehand, 1981, p.2).

따라서 도시형태학은 도시 내 물리적 형태의 구성요소를 분류하고 그 특성을 규명하고자 한다. 그리고 구성요소 간의 상호 관계를 연구하여 도시의 형성, 발달 및 생활상 등 제반 도시의 물리적 형태뿐만 아니라 비물리적인 환경에 대하여 설명하는 근거를 마련하고자 한다(양승우, 2000). 도시형태를 구성하는 기본요소를 건물, 필지, 도로로 보고 변화과정을 시계열로 분석하며 물리적 변화의 사회경제적 동인을 설명하는 것이 대표적인 흐름이다. 이러한 도시형태학적 접근을 Moudon(1994; 1997)은 유형형태학(Typomorphology)으로 보고 크게 이태리의 무라토리(Muratori)와 카니지아(Caniggia) 계통의 학파, 영국의 콘젠(Conzen)과 UMRG(Urban Morphology Research Group) 계통의 학파, 프랑스의 베르사유(Versailles) 학파로 분류하였다. 이 책에서는 세 가지 학파의 특성을 간략하게 설명하고 넘어가기로 한다. 자세한 내용은 모우든(Mouden)의 책을 참고하길 바란다.

이태리의 무라토리 학파는 건축공간(Built space)과 비건폐공간(Open space)을 중심으로 주로 건물유형에 초점을 두고 도시형성의 역사적 과정을 분석하여 도시조직에 기반을 둔 이태리 설계이론의 토대를 구축하였다. 이와 달리 콘젠학파는 지리학 관점에서 도시의 형태, 즉 도시경관이 어떤 과정을 거쳐 이루어졌는가를 분석하고 설명하고자 한다. 콘젠은 도시경관을 도시평면(Town plan), 건물조직(Building fabric), 토지이용패턴(Land utilization pattern)이라는 3가지 형태적 요소로 구별하고 도시경관은 이 3가지 요소의 조합으로 이루어진다고 정의하였다. 그중 도시평면은 도로, 필지, 건물로 구성되는 것으로 보고 도시형태의 변화를 필지단위까지 시기적, 중첩적으로 분석하는 진화론적 접근을 시도하였다.[1] 따라서 시간의 경과에 따른 도시경관의 변화를 분석하며 도시를 구성하는 요소들 간의 구조와 그 구성요소들의 진화에 대해 연구하였다. 콘젠학파는 경관요소들 간의 어떠한 규칙성이나 인과관계를 하나의 구조로서 파악 내지 설명하고자 하는 특성을 가지고 있다. 마지막으로 프랑스의 베르사유학파는 전술한 두 학파의 특성을 수용하고 있다. 르페브르(Lefebvre)의 영향을 받아 건축적 맥락에 있으면서도 사회학, 역사학, 지리학, 계획가, 건축가들이 함께 작업하는 사회과학적 접근방식이라고 할 수 있다. 도시경관연구와 건축설계이론의 비평을 통합한 광범위한 분야를 망라하면서 포괄적으로 도시형태학의 영역을 다루고 있다.

이 외에 도시경관을 Cityscape로 보는 Victor Gruen의 관점도 있다. 그루엔은 도시경관을 경관(Landscape)과 대조적인 위치에 놓으며 도시경관과 경관을 분리된 존재로 해석한다. 그루엔에게 있어 도시경관은 건물, 포장된 공간, 기반시설을 포함하는 '인공적 건설환경'이고 경관

---

1) Conzen, M.R.G.(1960), *Alnwick, Northumberland: a study in town-plan analysis*, pp.3～10(유주형 외, 2001, p.48; 양승우, 2002, p.8에서 재인용).

은 '자연이 주가 되는 환경'을 일컫는다(Waldheim, C., 2007, pp.27&37).

위에서 설명한 연구의 관점과 경향이 명확하게 구분되는 것은 아니며 일반화하기에는 무리가 있다. 그러나 도시경관을 계획 및 설계의 관점에서 접근하는 태도는 도시의 물리적 환경을 공간(Space)과 물체(Object)로 구분하고 도시경관을 구성하는 요소들의 시각적, 공간적 특성을 고찰한다. 이때 요소의 구조나 기능보다는 요소들의 군집화된 미관을 중시한다. 반면 도시경관을 변화와 구조의 관점에서 접근하는 태도는 물적 형태와 외관을 도시형태 변화의 관점에서 분석하는 것이 특징이다. 두 관점의 가장 큰 차이는 경관에 있어서 변화를 야기하는 요인, 그리고 그러한 요인이 작용하여 변화를 일으키는 기제(Mechanism)에 대한 관심 여부와 태도라고 볼 수 있다. 즉 현상적인 도시경관에 초점을 맞추느냐, 아니면 도시경관을 형성, 변화시키는 요인과 구조에 초점을 맞추느냐의 차이라고 볼 수 있다.

이 책은 일차적으로 서울시 주거지의 현상적인 경관변화 양상에 초점을 맞추고 있으며 더 나아가 이러한 변화의 구조와 원인 간의 상관성에 대해 분석하고 있다. 따라서 도시경관 연구의 두 가지 태도를 모두 수용하고 있다고 할 수 있다.

2. 주거지 경관 요소

주거지역은 도시에서 가장 많은 면적을 차지하고 있어 우리가 인지하는 경관의 대부분은 주거지와 상관성이 깊다. 그러나 도시 경관 논의의 주요 내용들을 보면 도시의 대표성, 이미지, 랜드마크, 녹지,

하천변, 주요 도로변 등 시각적으로 인지가 잘 되며 영향이 큰 요소들과 지역에 대한 관심이 높다. 반면 도시민 생활의 기반인 주거지에 대해서는 관심과 논의가 부족하다. 물론 도시 내 공적 장소들의 경관은 중요하다. 그러나 도시경관의 질적 향상과 증진은 많은 도시민의 일상적인 생활이 이루어지는 공간, 환경, 경관에 대한 관심에서 시작되지 않을까 싶다. 이 책에서는 눈에 비록 보이지 않아도 중요한 것, 일상적인 것, 기본적인 것에서 출발하여 경관을 보고자 하였다. 이런 맥락에서 이 책에서는 도시경관 중 주거지 경관에 초점을 맞추고자 한다.

그렇다면 도시경관 중에서 주거지경관은 어떻게 규정할까? 일반적으로 도시경관을 유형화할 때는 용도지역에 따라 분류하는 방법이 대표적이다.2) 즉 주거지역, 상업지역, 공업지역, 녹지지역 등으로 구분되는 도시 내 토지의 용도에 따라 구분한다. 이는 용도지역에 따라 경관요소 및 구성방식에 차이가 있기 때문이다. 그러나 만약 상업지역임에도 주거 기능이 이루어지는 지역은 주거지역경관인가 상업지역경관인가? 용도지역에 따른 경관 유형화 구분은 쉬운 방법이지만 경관의 특성을 반영하지 못한다. 이 같은 관점에서 이 책에서는 최근의 상업지역이 주상복합 건물로 인해 주거지역화되는 상황을 반영하였다. 용도지역상의 주거지역만이 아니라 주거기능이 이루어지는 상업지역도 주거지로 포함하였다.

그렇다면 경관은 무엇으로 이루어질까? 경관을 구성하는 요소들을 일반적으로 경관요소라고 부른다. 경관의 유형에 따라 경관요소도 달

---

2) 도시경관 유형화에 관해서는 기존 연구(서울시정개발연구원, 1993; 서울시정개발연구원, 1994a; 정태일 외, 2003; 김용수 외, 2006; 방재성 외, 2009) 참조.

라질 수 있다. 경관요소는 <표 1-1>과 같이 자연적, 인공적, 복합적 요소인 물적 요소와 인위적, 행태적 요소인 비물적 요소로 구분하는 것이 일반적이다. 또한 경관을 보는 관점에 따라 요소의 구분도 달라질 수 있다.

이 책에서는 주거지 경관요소를 '주거지를 구성하는 시각적으로 동질적인 요소'로 정의하며, 도시형태학적 관점에 기반을 두어 건물, 필지, 도로, 오픈스페이스로 규정하였다. 도시형태학은 도시조직의 물리적 형태에 관해 연구하는 학문으로서, 도시의 기능적, 경제적 측면뿐 아니라 역사적 측면까지 함께 고려하여 도시의 물리적, 공간적 구조를 밝히는 학문이다. 따라서 경관연구에 유용하게 적용될 수 있는 매우 실증적인 방법론적 함의를 갖는다. 도시형태학적 접근의 특징은 건물과 건물 주변의 공간을 결합하여 분석할 수 있도록 하고, 분석의 범위를 건물부터 시작하여 도시 전체로 확장할 수 있도록 하는 체계적 접근법을 제안한다는 데 있다.

<표 1-1> 경관을 구성하는 요소

물적 요소	자연적 요소	기후, 지형, 지질, 토양, 수문
		식생, 야생동물 등
	인공적 요소	평면적 요소: 도로, 획지(필지)
		입체적 요소: 구조물, 건축물, 옥외장치물
	복합적 요소	오픈스페이스, 스카이라인
비물적 요소	인위적 요소	역사, 경제, 문화, 제도, 행정
	행태적 요소	사람, 자동차의 행태 등

자료: 서울시정개발연구원, 1993, p.11.

3. 서울시의 경관문제

　서울은 1950년대 이후 급격한 인구증가로 인한 주택부족의 문제를 내규모의 주거지 개발과 주택 대량공급을 통해 해결해 왔다. 이를 위해 토지구획정리사업, 택지개발사업, 수도권 신도시개발 등 대규모 사업을 시행하였다. 또한 80년대 이후에는 기성시가지내 주택재개발, 재건축사업으로 주택공급을 확대하였다. 이를 통해 주택부족 문제는 부분적으로 해결하였으나 주택가격, 교통 및 기반시설, 주거환경 및 커뮤니티, 도시공간 구조상의 주거지 관리, 도시경관과 관련된 문제 등 다양한 부작용이 초래되었다.

　최근에는 도시 주거지 문제에 대한 인식이 양에서 질로 변화하면서 주거환경이나 도시경관문제가 부각되고 있다. 도시경관문제는 상업지역이나 주거지역 등 그 지역의 특성에 따라 문제의 양상이 다르게 나타나는데 이 책에서는 주거지의 경관문제를 중점적으로 보고자 한다.

　서울시의 연구(2006a, 2009b)를 보면 서울의 주거지 경관문제로 재개발, 재건축 아파트로 인해 발생하는 구릉지와 하천변의 경관 훼손, 스카이라인과 조망경관 파괴, 녹지경관의 부족, 옥외광고물에 의한 혼란스러운 시가지 경관 등을 제기하고 있다. 또한 기존 단독주택지 주변에 무분별하게 들어선 아파트로 인해 발생하는 이질적인 경관, 단독주택지가 다세대나 다가구 주택으로 변화하면서 나타나는 오픈 스페이스 부족 문제 등이 지적되기도 한다. 2000년대 들어서는 주상복합 건설 증가에 따른 초고층 주거지의 경관파괴 문제 등이 지적되기도 한다(서울시정개발연구원, 2007). 이처럼 주거지 경관문제는 지역에 따라 다양한 특성을 나타내는데 주로 지적되는 내용은 건물 변화에 따른 시각적인 변화 양상과 관련이 깊다.

서울시와 서울시정개발연구원의 주도하에 경관계획 및 관리 연구가 1990년대 이후 지속적으로 이루어졌으며 도시 및 주거지 경관문제의 진단과 개선방안이 제시되었다. 도시 및 주거지 경관문제를 제기한 기존 연구들은 <표 1-2>와 같이 정리될 수 있다.

<표 1-2> 기존 연구에서 지적한 서울시 경관문제의 종류와 양상

서울시성개발연구원(1993), 서울시 도시경관 관리방안 연구 1
획일경관: 아파트 단지의 패턴이 획일적이며, 일반주거지 경관도 다양하지 못함. **이질경관**: 주거환경개선사업, 재건축 등의 고층, 고밀로 인한 주변과의 부조화
서울시정개발연구원(1994a), 서울시 도시경관 관리방안 연구 2
주거지 경관의 부조화: 단독주택지에 다세대주택, 고층아파트 건설로 인한 경관 부조화 **구릉지 경관 훼손**: 불량주거지개발은 서울의 특징인 구릉지의 특성을 파괴하는 고층고밀개발 **획일적인 경관**: 아파트단지는 남향 일자형 배치로 획일적인 경관을 보이며, 단지별 개성 부족 **서울시 도시경관 문제(시민 설문조사)**: 불량주거지의 건축물, 고밀화된 다세대주택, 무질서한 건축물의 높이(스카이라인), 자연경관으로 조망차폐, 녹지 및 하천경관의 훼손, 보행을 무시한 도로체계, 문화재로의 조망차폐, 가로의 간판 및 광고물의 난립, 개발로 인한 문화재 훼손, 구릉지에 위치한 재개발아파트, 한강변의 아파트, 주위건물과 조화되지 않는 건축물의 외관, 고가도로 등의 구조물, 한강의 교량, 기타
서울시정개발연구원(1994b), 한강연접지역 경관관리방안 연구 **서울시정개발연구원(2003a), 서울의 주요 하천변 경관개선방안 연구**
위압경관: 단위건물의 규모가 주변건물에 비해 지나치게 커서 위압감을 주는 경우 **차폐경관**: 판상형의 건물이 밀집하여 한강으로의 조망 또는 한강에서 주변의 양호한 경관으로 조망을 차폐하는 경우 **잠식경관**: 구릉지 및 녹지를 잠식하여 대형건물이 입지한 경우 **획일경관**: 동일한 형태의 아파트가 반복, 밀집되어 있어 획일적 경관을 형성하고 있는 경우
한국조경학회(2004), 도시경관계획 및 관리
차폐된 경관: 건축물이 주변 자연경관 차폐, 대규모 구조물의 수평배치로 인한 경관의 상하 단절 **콘크리트 경관**: 유사한 형태를 지닌 콘크리트 건축물의 반복, 콘크리트 제방, 교량 같은 인공적인 경관 반복 **위압적 경관**: 단일구조물의 규모가 주변에 비해 과도하게 큰 경우, 배경의 건축물로 인한 자연녹지의 왜소화 **혼잡한 경관**: 복잡한 토지이용 또는 무질서한 건축물, 강변구조물 또는 수상구조물 **이질적 경관**: 강변 대형 상업광고물, 송전탑, 발전소, 굴뚝 등 대규모 산업용 구조물 노출

<table>
<tr><th colspan="2" align="center">서울특별시(2005a), 서울시 경관관리 기본계획</th></tr>
</table>

산지 및 구릉지 경관훼손: 배후 산으로의 조망차폐, 획일적이고 단조로운 경관 형성, 자연스러운 구릉지 능선 훼손, 인접 주거지와 부조화
하천경관의 훼손: 차폐경관, 위압경관, 잠식경관, 획일경관
역사문화경관의 훼손: 문화재로의 조망차폐, 문화재 주변 고층개발로 인한 왜소화, 문화재 및 주변지역의 미관상 부조화, 지구내부의 고유한 분위기 훼손, 역사 건축물과 현대식 건축물의 미관상 부조화
시가지 경관의 훼손: 단독주거지 내 고층아파트 건설로 인한 돌출 및 위압경관의 형성(자연환경 및 주변지역과의 부조화), 주거지 패턴의 변화, 부조화된 스카이라인, 옥외광고물 난립으로 인한 건축물 외관문제, 무개성적이고 획일적인 가로경관

<table>
<tr><th colspan="2" align="center">서울특별시(2006a), 2020년 서울도시기본계획</th></tr>
</table>

무분별한 개발로 인한 구릉지 경관 훼손 심화: 대규모 고층 재개발, 재건축으로 인해 주변지역과 시각적 부조화 및 단절, 자연지형에 대한 지나친 훼손으로 녹지 및 구릉지 잠식
지나친 공동주택 건설로 인한 주요 하천변 경관특성 훼손: 1990년대 이후 한강변 아파트의 개발추세는 고층화, 고밀화 및 대형화를 동반, 주변시가지 및 자연경관으로의 조망을 차폐하고 주변과 조화되지 않는 경관문제
시민이 직접 느끼는 도시 내 녹지경관 취약: 공원녹지의 양적, 질적 부족
조망단절 및 조망점 부재 등 조망경관 취약: 한강 및 주요 산으로의 조망경관 훼손
도시 스카이라인에 영향을 주는 고층, 고밀개발: 고층 주상복합 증가에 따른 도시 스카이라인의 급격한 변화, 지속적인 아파트의 층수증가, 대규모 개발 사업에 대응한 시가지 건축물 높이관리방안 부재
주변과 조화되지 못한 난개발로 주거지경관 악화: 돌출형 아파트개발 등 주변과 조화되지 못한 주거지경관 문제, 단독 또는 다세대, 다가구 중심의 저층주택가에서 사업단위의 재건축으로 인해 '나홀로 아파트'가 발생
역사적 건축물 및 문화재주변 경관관리 미흡: 개별 문화재 시설 보존 중심의 관리, 역사 문화재주변 지역과 연계된 지구차원의 경관관리 부재
혼란스러운 옥외광고물 및 획일적인 시가지 경관: 오픈스페이스의 부족, 광고물 난립, 보행로 단절 및 차량동선 혼재 등 혼란스러운 경관양상
특색 있는 야간경관 조성 미흡

<table>
<tr><th colspan="2" align="center">임승빈(2008), 도시경관계획론</th></tr>
</table>

인공물이 지배적인 도시경관: 녹지 및 오픈스페이스 감소
자연적 스카이라인의 침해: 도시주변 녹지로의 시야 차단, 도시외곽 구릉지로의 시야차단, 콘크리트 장벽 형성(구릉지 재개발 재건축아파트)
위압적 경관 형성: 초고층 아파트, 주상복합, 주변건물과 부조화, 나홀로 아파트, 나홀로 건물
단조로운 경관: 비슷한 규모와 형태의 건물
문화재 건물의 왜소화: 문화재 주변 고층건물
가로경관의 문제: 간판, 광고물의 무질서

<table>
<tr><th colspan="2" align="center">서울특별시(2009a), 서울특별시 기본경관계획</th></tr>
</table>

단독주택지 개발밀도 증가 및 경관의 질 저하: 도로의 주차장화, 녹시율 저하, 공동공간의 부재
획일적인 주거지 경관: 대량공급시기에 건설된(일자형 아파트 등) 획일적 디자인의 주동
이질적인 경관: 재개발, 재건축 시기의 아파트는 주변지역(기존 저층 단독주거지)의 도시조직과 조화를 이루지 못하는 과도한 규모와 높이의 단지형 개발
돌출경관: 주변경관과 어우러지지 못하는 초고층 아파트

아파트 지역의 획일적 경관: 주택 대량공급 시기의 판상형 일자배치 아파트, 동일한 주동과 입면 디자인이 반복되며 건물의 높이도 다양하지 못하여 단조롭고 획일적인 가로경관 형성
기존 조직과 융합되지 못하는 이질경관: 격자형 도시조직의 일반주택지에 재개발, 재건축을 통해 고층 아파트 단지가 이식되면서 두 주거지가 공간적으로 유기적으로 통합되지 못하고 시각적으로 이질화, 단지 내 외부공간과 도로는 주변지역의 오픈스페이스와 도로체계와 단절되며 폐쇄적 경계처리로 건조한 경관형성, 고층 주동은 주변의 중저층 단독주택과 높이와 규모에 있어 급격한 차이로 이질적 경관을 연출
단독주택지 과밀문제 및 경관수준 저하: 단독주택지는 다세대, 다가구주택으로 급격히 대체되면서 주차공간, 녹지, 공공시설 부족 등 과밀문제, 소규모로 이루어지는 아파트 재건축 또한 기반시설부족과 과밀문제 가중, 단독주택지의 도로는 단순한 이동과 주차를 위한 공간으로 전락, 도로변 주택들의 획일적 외관과 경관수준 저하
공동주택지 단지 내 상가에 의한 경관 저해: 단지 내 상가는 아파트 주동에 비해 상대적으로 디자인적 배려가 부족하여 주동과 조화되지 않는 특성 없는 외관이 일반적, 상가의 옥외광고물과 부대시설 노출 등으로 인한 가로경관 저해

기존 연구들에서 지적되는 서울시의 경관문제를 주거지 중심으로 보면 조망차폐, 훼손, 위압, 획일, 이질, 잠식, 혼잡, 과밀, 부조화, 무질서, 인공성 등의 시각적인 문제가 주로 제기되고 있다. 또한 경관문제의 원인과 결과가 명확하게 분리되지 않고 혼재되어 있는 경우도 나타난다.

경관문제는 다른 환경문제와 달리 계량화와 객관화가 어려운 특징을 가지고 있다. 이는 경관을 지각하고 인지하는 주체에 따라 평가가 달라지기 때문이며 경관문제 자체를 일관되고 정밀하게 규정하기가 어렵기 때문이다. 경관분석 및 평가 연구들이 다수의 판단에 근거하여 선호도와 만족도 중심의 연구 경향을 보이는 것은 경관문제의 객관성 확보를 위한 것이라고 할 수 있다.

이처럼 경관문제가 명확하게 규정되지 않아 서울시 경관관리는 사회적 공감대가 형성될 수 있는 역사문화재와 주요 산 주변 등으로 제한하고 있다. 또한 경관지구 지정 등 지역의 개별적인 특성을 고려하

지 않고 일률적으로 규제하는 최소한의 관리가 이루어져 왔다. 이는 경관 규제 자체가 용적률과 같은 재산권과 관련된 내용을 규제할 수 있기 때문이다. 특히 아파트 건설과 관련해서 용적률, 층수 등을 규제하는 것은 개발회사, 건설회사, 조합원 등 주택을 경제적 가치로 접근하는 이들에게는 큰 반발을 불러일으킬 수 있으며 유사한 다른 지역과의 형평성 문제가 제기될 수 있기 때문이다. 그동안 여러 지자체에서 수립된 경관계획의 규제 내용들이 명확하게 규정되지 못하고 에둘러 표현하거나 권고 위주로 끝나는 원인은 이 때문이라 할 수 있다.

2007년 경관법 도입 이후, 서울시에서는 특정경관계획 수립을 통한 경관유도, 경관지구 및 미관지구를 이용한 경관관리, 경관사업, 경관협정, 경관위원회를 통한 경관관리가 진행되고 있다. 그러나 경관계획의 법적 구속력을 강화할 수 있는 체계적이고 뚜렷한 방안은 아직 수립되지 않고 있다.

서울시정개발연구원(1994b)의 '한강연접지역 경관관리방안 연구'에서는 경관문제를 '상황적 문제(Situational problem)'와 '자체적 문제(Situation-free problem)'로 규정하였다. 대상과 주위와의 관계에서 비롯된 상황적 문제와 대상 자체가 문제가 되는 자체적 문제로 구분하였는데 상황적 문제의 원인으로는 입지, 차폐, 부조화, 집적의 문제를 지적하고 있으며 자체적 문제의 원인으로는 규모, 형태, 색채, 재질, 관리에 의한 양상을 지적하고 있다.

이는 서울시와 같이 하천, 산, 구릉지가 많은 도시 공간구조상에서 나타나는 거시적 문제와 건물에 의해 나타나는 미시적 문제를 이해하기 쉽게 분류하였다고 할 수 있다. 그러나 실질적으로 경관문제는 이 두 문제가 동시에 나타나는 복합적인 문제가 대부분이다.

4. 경관문제의 가변성과 복합성

앞 장에서 주거지 경관을 '주거지를 구성하는 요소들에 의해 보이는 풍경과 그 요소들 간의 상호 관계 및 작용'으로 조작적으로 정의하였다. 이 관점에서 보면 주거지 경관 문제는 일차적으로는 '시각적으로 인지되는 주거지 풍경의 문제'이며 이차적으로는 '주거지 풍경에 내재하고 있는 도시구조와 주거지 조직의 영향과 작용, 이와 관련된 인간의 활동에 의해 발생하는 문제'로 규정할 수 있다. 즉 시각적인 문제와 그 이면에 내재하는 주거지 경관 요소들의 상호 작용과 인간 활동의 문제로 확장할 수 있다.

다시 말해 경관을 단순히 보이는 풍경으로만 보면 시각적인 문제로 주거지 경관문제를 제한하게 된다. 그러나 개념을 조금 더 확장해서 보면 시각적인 문제의 이면에 내재하는 구조화된 문제도 포함할 수 있다. 이 책에서는 주거지 경관문제를 1차적으로 나타나는 시각적인 문제와 2차적으로 나타나는 비시각적 문제로 구분해 보았다. 시각적인 문제는 그 내용, 즉 변화 양상의 문제라고 할 수 있으며 비시각적인 문제는 그 변화가 나타나는 방식과 속도의 문제로 볼 수 있다.

첫째, 시각적인 변화 양상의 문제는 지속적인 건물의 고층화, 대형화라고 할 수 있다. 건물의 변화는 기존에 제기되었던 다양한 시각적 문제와 직접적으로 연결된다. 건물의 고층, 대형화는 시각적으로 차폐와 위압감을 형성하기도 하며 인접 주거지와의 높이 차로 인한 이질감을 형성하기도 한다. 이는 주로 시각적 영향이 큰 아파트나 주상복합 지역주변에서 나타난다. 또한 영향이 크지는 않지만 기존의 단독주택지가 다가구, 다세대주택화되는 과정에서도 나타난다.

　둘째, 시각적 변화 양상의 두 번째 문제는 건물의 고층, 대형화와 연결되어 있는데 건물 외 경관 요소들의 변화 양상과 패턴이다. 이 책에서 중점적으로 보는 도시경관요소인 필지, 도로, 오픈스페이스의 지속적인 소멸과 대형화, 단지화를 지적할 수 있다. 도시조직, 도시형태의 문제로도 볼 수 있는데 이 같은 문제들은 건물의 고층, 대형화를 유발하거나 동반하는 양상으로 나타난다. 그러나 건물변화에 비해 시각적인 문제로 쉽게 인지되지 않기 때문에 기존의 주거지 경관문제에서는 좀처럼 지적되지 않고 있다. 기존 단독주택지의 필지 대형화, 더 나아가 아파트 재개발, 재건축으로 인해 발생하는 소규모 필지들의 대규모 단지화, 기존 도로의 소멸과 오픈스페이스의 급격한 변화가 이에 해당된다. 결국 건물의 고층, 대형화로 인해 발생하는 시각적인 문제는 필지, 도로, 오픈스페이스 변화와 연결되어 있으며 이는 주거지 경관문제를 단순히 시각적 문제로만 볼 것이 아니라 도시 경관을 이루는 다양한 요소들의 구조적인 문제로 접근해야 함을 시사한다.

　셋째, 변화 방식과 속도의 문제를 지적할 수 있다. 우선 건물, 필지, 도로, 오픈스페이스의 변화는 서울의 경우 주택유형의 변화와 동반하여 나타난다. 즉 단독주택이 다가구, 다세대주택으로 변화하거나 혹은 아파트로 변화할 때 전술한 문제들이 주로 나타난다. 서울의 주택유형은 아파트, 다세대 2가지 유형이 전체의 75% 이상을 차지하는 매우 기형적인 구조라고 할 수 있다. 또한 주택유형 변화도 아파트 중심으로 고착되고 있어 현재와 같은 추세라면 서울의 주거지가 아파트로 뒤덮일 수 있는 가능성이 농후하다. 이처럼 특정 주택유형으로 서울의 주택들이 획일화 되는 것은 유사한 규모와 형태의 건물을 반복적으로 만들어 내는 원인이 된다. 이를 해결하기 위해 최근에는 아파트 색채, 재료, 층수, 형태 등을 심의하기도 하지만 결국 아파트의 외관을 부분적으로 변화시킬 뿐 근본적인 해결책이 되지는 못한다.

또한 소규모 필지 단위로 주민 참여에 의한 자생적이고 점진적인 변화보다 지방자치단체 및 공사, 개발회사, 건설회사 등 외부 세력에 의해 유도되는 사업을 통해 급격하게 주택유형이 획일화되고 있는 것이 문제이다. 비록 재개발, 재건축의 경우 주민들이 조합을 구성해 사업을 진행하지만 신문 사회면에서는 조합장, 건설사, 정비업체 간의 유착과 비리가 터져나는 것을 보면 이를 이해할 수 있다.

이와 같은 변화 방식은 기존 주거지를 구성하는 건물, 도로, 필지, 오픈스페이스의 누적과 지속적인 변화를 고려하지 않고 있다. 따라서 주거지 변화는 곧 소형의 단독, 다가구, 다세대주택들이 대형의 아파트로 변화하는 것으로 생각하게 된다. 대다수의 사람들이 재개발, 재건축하면 아파트를 떠 올릴 수밖에 없는 현실이 이 같은 현상을 설명한다. 이로 인해 우리 사회는 작은 땅, 좁은 길, 자투리 공간을 모아서 지우개로 지우듯 불도저로 밀어 버리고 대형의 단지로 개발하는 것을 익숙하게 여기고 당연하게 여긴다.

결국 주거지 경관문제는 급격한 주택유형의 획일화에 의해 발생하는 주거지 경관요소 변화 양상의 문제라고 할 수 있으며 변화 방식, 속도의 문제가 복합화된 문제이다. 또한 시각적인 문제를 야기하는 건물과 필지, 도로, 오픈스페이스 변화 간의 관계와 주택유형과의 관계에 대한 구조적 고려가 반영되지 않기 때문이라 할 수 있다. 따라서 이 책에서는 주택유형 변화와 경관요소 변화 간의 관계를 보고자 한다. 주거지 경관 문제를 표피적으로 보지 말고 주거지 개발과 경관과의 상관관계를 구조적으로 보이야 현재의 서울시 경관문제를 해결할 수 있다고 생각하기 때문이다.

5. 주택유형과 경관문제

<그림 1-1>를 보면 구릉지에 조성된 다가구, 다세대주택지역과 재개발로 조성된 아파트지역이 인접하여 있다. 자생적으로 형성된 구릉지 단독주택지역에서 필지별로 다가구, 다세대주택으로 변화한 지역과 아파트 재개발로 변화한 지역이 공존하고 있다. 이로 인해 스카이라인의 훼손, 이질경관, 구릉지 경관 훼손, 과밀 및 혼잡경관, 녹지경관부족 등의 문제가 동시에 나타나고 있다. <그림 1-2>를 보면 구릉지 정상에 위치한 재개발아파트로 인해 스카이라인 및 구릉지 경관 훼손이 동시에 나타나고 있다.

<그림 1-3>을 보면 구릉지 주변 재개발로 인한 경관훼손과 한강으로의 조망차폐 문제가 나타나고 있으며 <그림 1-4>를 보면 전용주거지역에 인접한 초고층아파트로 인해 이질경관문제와 위압경관이 형성되고 있다. <그림 1-5>에서는 토지구획정리사업으로 조성된 단독주택지역에 들어선 아파트로 인해 이질경관이 형성되었으며 <그림 1-6>에서는 대단위 아파트단지로 인한 획일경관의 문제가 나타나고 있다.

〈그림 1-1〉 행당동, 금호동 일대의
주거지 경관

〈그림 1-2〉 금호동 일대 주거지 경관

〈그림 1-3〉 옥수동 일대 주거지 경관

〈그림 1-4〉 삼성동 일대 주거지 경관

〈그림 1-5〉 답십리, 마장동 일대 주거지
경관

〈그림 1-6〉 대치동, 개포동 일대 주거지
경관

이처럼 주거지 경관문제와 주택 유형과의 관계는 상호 복합적이라고 할 수 있으며 자생적인 주거지에서 무분별하게 이루어진 아파트 재개발사업은 서울시의 경관을 훼손시킨 주범이라고 할 수 있다. 경관문제를 보는 관점에 따라 차이가 있지만 이해를 돕기 위해 기존 연구에서 주로 제기되는 주거지 경관문제와 주거지유형의 관계를 정리하면 <그림 1-7>과 같다.

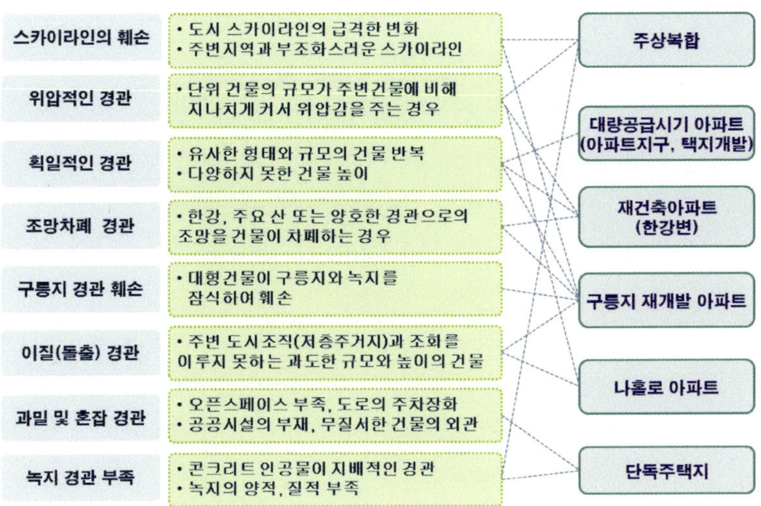

〈그림 1-7〉 주거지 경관문제와 주거지 유형의 관계

주거지 경관 연구의 경향

1. 건축, 도시, 조경 분야의 경관연구

우리나라의 도시경관연구는 주로 조경, 건축, 도시 분야에서 이루어지고 있는데 1980년대 들어 본격적으로 시작되었다. 1980년대와 1990년대에는 경관에 대한 선호도와 만족도 등을 분석하는 실증적인 연구가 지배적이었다. 즉 어떤 경관이 사람들에게 선호되고 만족도를 주는지, 그 선호 요인은 무엇인가를 주로 계량적인 접근을 통해 분석하는 연구가 많았다. 2000년대에 들어서는 도시 경관의 중요성이 증대되고 경관을 계획의 대상으로 인식하면서 지자체가 주도하는 경관계획 연구들이 증가하고 있다.

즉 경관을 분석하거나 평가하는 연구에서 경관을 어떻게 관리하고 계획할 것인가라는 주제로 연구의 내용이 변화하고 있다. 최근에는 경관이 도시환경의 중요한 인자로 부각되면서 주택가격과 경관의 관계에 관한 연구도 나타나고 있다. 경관연구의 다양한 분야를 모두 설명할 수 없으므로 이 책에서는 주거지 경관 분야에 초점을 맞추어 설명하였다.

주거지 경관분석 연구들은 주로 건물들의 집합이 만들어내는 군집 형상이나 스카이라인, 건물의 배치 유형, 건물과 주변 조망대상과의 관계에서 나타나는 조망경관특성 등 건축물의 시각적 특성과 경관선호도와의 관계를 분석하는 연구들이 많다. 이 연구들은 주거지 경관의 시각적 특성을 규명하며 선호도에 영향을 주는 요인들을 분석하고 이를 통해 주거지 경관관리나 계획방향을 이끌어 내고 있다. 따라서 경관선호도에 영향을 주는 요소를 파악하는 데 연구의 주안점을 두고 있다.

경관을 바라보는 주체, 즉 사람마다 선호하는 요인과 정도가 다르기 때문에 객관적인 선호 요인을 찾아내고자 한다. 이를 위해 경관사진을 이용한 시뮬레이션이나 설문을 통해 정량적으로 접근하는 것이 큰 특징이라고 할 수 있다. 최근에는 시각적 평가에서 벗어나 주택유형, 토지이용과 경관의 상관성을 고찰하는 연구들도 증가하고 있다. 임승빈(1991)은 경관분석방법을 크게 생태학적, 형식미학적, 정신물리학적, 심리학적, 기호학적, 현상학적, 경제학적 접근 등 7가지 방식으로 분류하고 있는데 기존 연구들을 방법론적 측면에서 보면 경관선호도 및 만족도를 통해 경관을 분석하는 정신물리학적 접근방식이 많이 활용되었다.

2000년대 들어 활성화되고 있는 경관계획 및 관리방안 연구들은 "법적, 제도적 범주 안에서 경관관리를 어떻게 할 것인가?"라는 주제에 초점을 맞추고 있다. 주로 지방자치단체에서 주도적으로 연구를 시행하고 있는데 서울시와 서울시정개발연구원이 활발하게 진행하고 있다. 주거지 경관관리나 계획 분야의 연구는 경관의 시각적 특성을 주거지 경관요소, 시각적 밀도 및 규제지표와의 상관성 하에서 분석하거나, 주택 관련 법제를 활용하여 어떻게 주거지 경관을 관리할 것인가에 초점을 맞춘 연구가 많이 이루어지고 있다. 도시경관계획 관점에서 시각적 밀도, 차폐도 등을 분석하거나 건물의 인동간격과 개방감을 분석하는 연구 등이 있다. 또한 이와 같은 경관평가 요소나 지표를 활용하여 디자인 지침이나 계획방향을 제시한 연구들이 많이 진행되었다. 최근에는 주택 관련 법제를 활용한 경관관리방안을 제시하는 연구들이 증가하고 있다. 2종 일반주거지역의 평균층수와 경관과의 관계를 고찰한 연구 등이 있고 이 외에도 용도지역, 재개발사업, 재건축사업과 경관과의 관계를 고찰한 연구들이 있다. 이처럼 주거지 경관연구는 분석, 평가 관점에서 계획, 관리의 단계로 발전하고 있다. 특히 경관평가 요소나 지표를 법제적 관점에서 관리하는 방안을 찾는 연구가 많이 진행되고 있다.

2. 도시형태학과 경관

이처럼 국내 주거지 경관연구들은 분석과 평가, 계획과 관리에 집중하고 있다. 전반적으로 경관변화의 관점에서 접근하는 연구는 찾아보기 힘들다. 이에 비해 국외 경관연구에서는 도시형태학적 관점에서 주거지 경관 변화를 연구하고 있는데 Larkham(2006, p.120)에 의하면 도시경관변화의 주요 연구 경향은 크게 세 가지 방향으로 나뉜다. 첫째는 주로 역사도시에 대한 장기적인 경관변화, 둘째는 변화과정에 참여한 주체(Agents)에 대한 연구, 셋째는 경관변화의 관리 분야 연구

다. 특히 경관변화 관리 연구는 기존 도시경관과 새로운 개발의 관계
가 중요한 이슈로 부상하고 있다. 역사도시의 장기적인 경관변화 연
구는 영국을 중심으로 기존 도시들에 대한 연구가 다수 축적되어 있
으며 활발하게 진행되고 있다.

국내 연구는 거시적인 관점에서 도시의 입지와 형상, 공간구조를
분석한 연구(주종원, 1981; 이상구, 1993)에서 시작되었다고 할 수 있
다. 그러나 방법론적 측면에서 보면 도시형태 연구라기보다는 입지와
공간구조 연구에 가깝다고 할 수 있다. 국내의 도시형태 연구는 1980
년대 중반 이후 시작되었다고 볼 수 있다. 전통도시의 도심부, 주로 서
울 사대문 안의 도로와 필지 변화 중심으로 연구가 많이 이루어졌다.

서울의 도심부 도시조직 변화를 고찰한 연구로는 세종로, 종로, 돈
화문로, 율곡로로 구획되는 지역의 도로와 필지 변화과정을 18세기
전기부터 1986년까지 분석한 양승우(1988)의 연구가 있다. 또한 1912
년 지적원도를 토대로 서울 도심부의 도로와 필지 변화를 분석한 연
구(양승우, 1994)와 서울의 북촌, 남촌, 도성의 동쪽 외곽지역의 간선
도로, 가구(블록), 필지의 변화를 분석한 한기정(1995)과 손세관 외
(1996)의 연구 등이 있다. 이 외에도 필지를 중심으로 1912년부터 1988
년까지의 목포시 용도지역별 필지변화를 분석한 연구(박종철, 1989)
와 1912년부터 1991년까지의 전주시 도심부의 필지변화를 분석한 연
구(이경찬, 1992)가 있다. 도시형태 연구의 분석대상은 일반적으로 건
물, 필지, 도로나 그 중 일부의 변화를 분석대상으로 접근하고 있는데
국내 연구의 경우 건물의 과거 자료가 남아 있지 않아 주로 필지와
도로를 중심으로 이루어지고 있다. 1990년대까지의 도시형태 연구는
대부분 역사도시와 전통주거지를 대상으로 도시형태 요소의 원형과

변화를 해석하는 연구가 주류를 이루어 왔다. 그러나 2000년대 들어 형태 특성과 변화의 설명에만 국한되었던 한계를 지적하면서 형태 변화의 원인을 규명하기 위해 제도나 토지이용 등 다른 요인과의 상관관계에 초점을 맞추는 연구가 늘어나고 있는 것이 특징이다.

조준범(2003)은 1912년부터 서울 북촌지역의 필지 변화를 도시건축제도와의 상관성에서 분석하였고 한필원(2004)은 대전 도심부의 필지체계 변화를 주택유형 변화와의 관계에서 고찰하였다. 이외에도 서울 도심부인 봉익동, 장사동, 수표동 일대의 도시형태 요소의 변화를 경제적 요인인 지가와의 관계에서 분석한 연구(김은희, 2007)와 도심부의 도시형태요소 변화를 계획관리 제도와 도시정비사업 수단의 영향 관점에서 분석한 진영효(2008)의 연구 등이 있다. 또 하나의 특징은 계획적으로 조성된 토지구획정리사업지역의 도시형태 변화에 주목한 연구(장재일, 2001; 이정은, 2007)들이 등장하였는데 토지구획정리사업지역의 건물, 도로, 필지의 변화를 주택유형 변화와의 관계에서 분석하였다.

국외의 주거지 경관변화를 설명하는 연구들은 참여주체의 성격, 사회·경제적 요인, 공공계획기관의 정책이나 태도, 주거지 계획 규제의 특성과 영향, 도시형태적 요인 등 다양한 요인을 통해 설명하고 있다. Larkham(1988)은 영국 웨스트 미드랜드(west midland) 지역의 1968년 이후 주거지 경관 변화가 지방정부와 공공기관과 같은 간접적 주체와 지역건축가, 개발업자 등의 직접적 참여주체에 따라 달라지며, 건축가나 개발업자에 의해 주거지 경관에 있어서 건물 양식 변화양상이 다르게 나타남을 보여 주고 있다. Whitehand(1990)는 런던 교외 주거지 경관변화를 분석하여 주요 원인으로 주체(agents)들 예컨대 개발업자, 토지소유자, 부동산중개인, 금융기관 등의 이윤추구와 적절한 개발제어의 부족이 단독주택지역의 변화 원인이 되고 있음을 주장하였다. Whitehand(1988)는 주택 수요 증가에 따른 영국 남동부의 단독주택지역의 변화를 분석하였는데 지역 계획기관의 불충분한 권한과 사회경제적, 형태적 변화과정에 대한 관심 부족이 단독주택지역의 주거유형 변화를 야기하였음을 지적하고 있으며 이러한 변화의 원인으로 첫째, 정책적 문제 둘째, 경관에 대한 주의 깊은 계획적 태도 부족 등을 지적하였다. Whitehand, Morton, & Carr(1999)의 연구에 의하면 주택의 변화가 지방정부에 의한 개발제어와 주거밀도에 의해 큰 영향을 받는 것으로 분석하고 있다. 또한 미국의 계획 규제가 교외 주거지역의 형태특성에 미친 영향(김광중, 1992), 스코틀랜드 중부 지역의 사례 연구를 통해 중앙 집중적 계획 시스템이 도시형태 결정에 큰 영향을 주고 있음을 보여 주는 연구(Bramley & Kirk, 2005) 등이 있다.

이와 같은 연구들은 주거지역을 구성하는 가장 중요한 요소를 주택유형과 공급방식으로 보고 있으며 이에 의해 도시형태 요소인 건물, 필지, 도로가 직접적인 영향을 받고 있음을 실증적으로 보여 주고 있다. Whitehand(1992, p.214)와 Larkham(2006, p.125)은 도시형태를 축적된 지혜의 소스로 바라보며 현재의 경관을 읽음으로써 활용 가능한 해결 방안이 나올 수 있음을 강조하며 도시경관 관리의 해답을 도시형태 변화에서 찾아야 한다고 주장하고 있다.

국가나 지방정부가 직접적으로 주택건설에 참여하는 국내 현실을 볼 때 주거지역이나 주거지 경관 변화를 정책과 제도적 요인과 관련시켜 분석하는 것은 상당한 설명력을 가질 수 있다. 실제로 그동안

국내 주택개발의 대부분을 차지하였던 토지구획정리사업, 택지개발
사업, 재개발, 재건축사업 등은 국가나 지방정부 주도하에 진행되었
으며 이러한 주거지 개발은 주거지역의 성격에 결정적인 요인으로
작용한 것으로 나타나고 있다.

3. 주택유형 변화

주택유형 변화가 주거지 경관변화에 영향을 주는 요인이며 경관요
소에 영향을 준다는 점은 도시형태학적 경관연구에서 확인할 수 있
다. 이런 측면에서 국내 주택유형 변화 연구를 살펴보았다. 국내 주택
유형 변화 연구는 지리학적 관점에서 주거지 분화를 분석하는 연구
와 도시형태 요소나 도시공간조직 관점에서 분석하는 도시건축적 접
근으로 나누어 볼 수 있다. 전자는 주로 아파트와 주상복합의 확산에
대한 원인을 분석하며, 후자는 단독주택이 다가구, 다세대로 변화하
는 원인과 물리적 변화 양상을 분석한다.

아파트 공급의 증가 원인은 급격한 도시화와 택지부족, 인구 및 가
구구조의 변화, 중산층의 아파트에 대한 주택 수요 증가, 경제적 요인,
소비자 선호의 변화 등으로 설명되고 있다(방재성, 2011, pp.37~38). 그
러나 전상인(2009, p.48)은 아파트 확산의 원인과 결과가 혼재되어 있
음을 지적하고 크게 두 가지로 아파트 확산의 핵심 요인을 정리하였
다. 첫째, 아파트 공급이 늘었다는 것, 둘째, 아파트에 대한 선호도가
증가하면서 소비가 늘었다는 것을 지적하고 있다. Valerie(2007) 역시
한국에서 아파트단지가 짧은 시간에 대량으로 공급된 원인을 국가

주도의 아파트 중심 주택공급정책과 도시 중산층의 수요증가로 설명하였다. 주상복합의 증가도 유사한 맥락에서 설명되고 있다. 주상복합이 1990년대 중반 이후 증가하는 원인은 중앙 및 지방정부의 정책적, 제도적 지원으로 설명되고 있다. 이 외에도 주택건설업체의 경제성 추구, 고층주거에 대한 인식 변화와 자본축적을 기대한 수요자의 증가 등으로 설명되고 있다(방재성, 전게서, p.38).

단독주택지의 주택유형 변화도 유사한 관점에서 해석된다. 정책적, 제도적 요인과 개발주체들의 경제적 이익 추구를 주택 유형 변화의 주요 요인으로 지적하고 있으며 지역적 특성과 주거지 개발방식에 따라 주택유형이 다르게 변화함을 지적하고 있다(홍인옥, 1997; 박인애, 2005).

그러나 단독주택지 주택유형의 변화를 도시건축적 맥락에서 볼 때 이와 같은 논리는 주택유형과 주거지 경관요소의 변화를 충분하게 설명하지 못한다. 왜냐하면 단독주택지의 주택유형 변화는 도시 내 주택공급과 수요에 영향을 주는 인자 외에도 도시 가로 체계, 가구의 성격, 필지의 크기와 모양 등 도시 구조의 영향을 받기 때문이다. 따라서 도시주거의 변화를 설명하기 위해서는 단위주택보다 상위에 있는 물리적 환경의 성격을 파악하는 것이 필요하다(손세관, 전게서, p.16). 즉, 도시 주택유형의 변화는 특정 주택유형의 수요와 공급에 영향을 주는 사회구조적 요인뿐만 아니라 주거지의 물리적 구조인 도시형태적 요인들과 관련되어 있다.

따라서 단독주택지의 주택유형의 변화 연구는 주로 건물, 필지, 도로와 같은 도시형태적 요인뿐만이 아니라 밀도, 공간 조직 등 물리적 여건과의 상관성하에서 분석되었다. 토지구획정리사업 지역 내 단독주택의 물리적 변화(민경호, 1999; 임창복 외, 2000)나 주택유형과 공간구조의 변화에 관한 연구(전병권, 2004; 박기범, 2005; 김흥배, 2009), 도시형태 요소인 건물, 도로, 필지 변화에 관한 연구(장재일, 2001; 이정은, 2007)가 주로 이루어졌는데 주로 용도지역제나 주택 관련 법규 등 제도적 요인에 크게 영향받았음을 지적하고 있다.

이처럼 국내 단독주택지 주택유형 변화 연구의 주요 경향은 도시형태학에 기반을 두어 접근하고 있는 것이 가장 큰 특징이다. 따라서 이러한 접근이 용이한 토지구획정리사업지역을 대상으로 진행되고 있으나 아직까지 단독주택 외의 다른 주택유형 변화에 대한 연구로는 진전되지 못하고 있다.

주거지 개발방식과 주택유형의 변화

3장에서는 서울시의 주거지개발 과정과 주택유형 변화를 살펴보았다. 10년 단위로 살펴보는 이유는 첫째, 주거지 개발이 1962년 이후 5년 단위로 수립된 경제개발계획 내 주택정책과 연관되어 있고, 둘째, 주거지 개발의 대표적인 방식과 주택 관련 법제들이 10년 정도의 주기성을 보이고 있기 때문이다.

이 책에서는 서울시 주거지 개발과정을 1960년대부터 설명하고 있다. 이는 1960년대 들어 주체적인 법제가 형성되었고 이에 따른 도시계획과 주거지 개발 사업이 시작되었기 때문이다. 우리나라에 도시계획 관련법제가 처음으로 도입된 시기는 1934년, 일제하 '조선 시가지 계획령'이다. 1950년대에는 이 법률이 우리나라 도시계획 및 건축계획의 기반이었으며 전후 법제 개정의 여력이 없었던 상황에서 60년대 초까지 이 법률을 사용하였다. 1962년에 '조선 시가지 계획령'이 분리되어 도시계획법, 건축법이 제정되었다.

1. 1960년대: 주거지의 평면적 확대

1960년대 들어 서울의 인구는 급속히 증가하였다. 6·25 이후 1950년대의 난민용 주택이나 구호용 주택과 같은 사회후생적 주택공급으로는 주택수요를 감당할 수 없었다. 증가하는 일반주택 수요자를 위한 적극적인 주택건설이 요구되는 시기였다. 이에 1960년대 초반에는 주택공급과 택지공급을 위한 각종 법률과 제도, 조직을 정비하였다. 1962년에는 도시계획법, 건축법, 토지수용법, 공유수면매립법이 1963년에는 공영주택법, 1966년에는 토지구획정리사업법이 제정되었다. 조직정비를 보면 1961년 국토건설청이 건설부로 승격되었으며, 1962년에는 주택공사법이 제정되면서 과거 주택영단이 대한주택공사로 변경되었다. 그리고 1967년 주택은행법에 따라 한국주택금고가 설립되었고, 1969년에는 한국주택은행으로 확대되었다. 이와 함께 주택의 대량공급에 목표를 둔 주택정책 역시 본격적으로 추진되기 시작하였으며 주택건설계획이 제1차 경제개발 5개년계획에 포함되었다.

그러나 1960년대 정부의 주택투자는 GNP의 1.5%에 불과하였고 대부분 민간부문의 투자에 의존하였다(배경동, 2007, p.22). 1962년부터 1971년까지 약 10년간 주택건설에서 공공부문이 차지하는 비율은 약 13% 정도에 불과하여 공공부문의 투자실적은 미미하였다(임서환, 2005, p.45). 국가의 가용자원을 중공업 부문에 집중시키는 경제정책하에서, 주택건설정책은 필연적으로 민간부문에 의존할 수밖에 없었다. 이 시기를 거치면서 한국의 주택정책은 "민간 의존적이고 시중자금 의존적인 성격"(공동주택연구회, 1999, p.38)을 분명히 하게 되었다.

이 시기에 개발된 주거지역은 서울시 중심에서 반경 5~15km 내에 위치하고 있는데 기존 시가지의 주변에서 서울시 외곽에 이르기까지 광범위한 주거지역의 평면적 확대가 이루어졌다. 1963년 서울시의 행정구역이 확대되었고 도심연결 방사형태 가로망의 확장과 정비, 강·남북 연결을 위한 한강교량(제2한강교, 제3한강교, 서울대교)이 건설되었다. 이 시기의 주거지 개발은 주로 토지구획정리사업으로 이루어졌다. 서울시에서 실시된 토지구획정리사업지구를 보면 일제 강점기 이후 1980년대까지 총 58개 지구의 토지구획정리사업이 시행되었으며 연면적은 140㎢에 달한다. 이는 서울시 개발 면적의 **39.4%**에 해당된다.3) 1960년대 토지구획정리사업이 시행된 지역들은 현재의 서울 행정구역의 틀이 형성된 1963년 당시 외곽지역이었던 강서, 은평, 마포, 구로, 금천, 광진, 중랑, 도봉, 노원, 양천구에 주로 분포되어 있다.

〈그림 3-1〉 서울시 토지구획정리사업

---

3) 1945년 이전에는 돈암, 영등포, 대현, 한남, 용두, 사근, 번대, 청량리, 신당, 공덕 10개 지구가 1950년대에는 을삼, 충무로, 관철, 종오, 묵정, 남대문, 원효로, 행촌, 왕십리 9개 지구가 1960년대에는 서교, 동대문, 면목, 수유, 불광, 성산, 뚝도, 연희, 창동, 역촌, 화양, 망우, 경인, 영동1, 김포, 시흥, 도봉, 중곡, 화곡, 개봉1 20개 지구가 1970년대에는 개봉2, 흥남, 이수, 이수추가, 신림, 영동2, 잠실, 영동1추가, 화양추가, 천호, 신림추가, 영동2추가, 암사, 장안평, 구로 15개 지구가 1980년대 강동, 개포, 가락, 양재 4개 지구가 시행되었다. 서울특별시(2001a), 서울 도시계획 연혁, pp.1117∼1119 참조.

1960년대 주거지 개발의 또 하나의 특징은 이주정착지로 인한 주거지 확산이다. 60년대에는 신규 주택단지 조성에도 불구하고 주택과 택지는 부족하였고 이에 따라 무허가 불량주택이 늘었다. 이 당시에는 1960년대 이전에 형성된 무허가 정착지가 확대되거나 고밀화되었으며 새로운 무허가 정착지가 계획적으로 조성되기도 하였다. 이러한 도심 내 무허가 불량주거지를 철거하고 철거민을 수용하기 위해 이주정착지가 조성되었다. 당시 사당동, 도봉동, 염창동, 거여동, 하일동, 시흥동, 봉천동, 신림동, 창동, 쌍문동, 상계동, 중계동 등지에 대규모로 이주 정착지가 조성되었는데 이들 지역이 이른바 달동네였다(서울시정개발연구원, 2001a, p.270).

서울시는 도심 반경 5~10km 내외의 남산, 한남, 용산 등의 기존 무허가 정착지를 대대적으로 철거하였으며, 철거민들을 시 외곽으로 집단 이주시켰다. 당시 집단 이주 정착지로 개발된 지역들은 토지구획정리사업이나 일단의 주택지 조성사업과는 다른 차원에서 서울의 평면적 확대를 주도하였다. 이들 지역은 1980년대 대규모 택지개발사업지구로 개발되었거나 주택재개발사업을 통해 아파트단지로 변모하였다.

60년대 주거지 개발에 있어서 또 하나의 큰 특징은 새로운 주택유형인 아파트의 도입이다. 최초의 아파트단지인 마포아파트가 1962년 완공되었다. 마포아파트 건설 이전에도 서울에는 아파트가 존재하고 있었다. 1956년 행촌아파트, 1958년 종암아파트 등이 있었는데 이 아파트들은 단독건물 형식으로 건축되어 하나의 단지를 이루고 있지는 않았다(서울시정개발연구원, 2001a, p.264). 마포아파트는 토지의 집약적 이용을 통해 주거용 택지문제를 해결하기 위해 도입되었다. 66

년에는 동부이촌동에 한강공무원아파트 등이 건설되었으나, 60년대에는 여전히 단독주택지 위주의 개발이 주를 이루었다. 1960년대 후반에 주택지 개발이 단독주택 위주에서 아파트 위주로 전환되었는데 이의 결정적인 역할을 한 것이 시민아파트 건립이다. 1967년 제2차 경제개발 5개년 계획의 수립과 동시에 정부는 무허가 불량주거지를 재개발하고 서민의 주택난을 해결하기 위해 주택대량건설 계획을 발표하였는데 이때 서울시는 이른바 시민아파트 건설계획을 수립하였다. 1969년 이후 총 426개동이 지어졌으나 1970년 와우아파트 붕괴 이후 중단되었다.

1960년대에 정부는 토지구획정리사업에 기반을 둔 주거용 택지공급과 아파트의 도입을 통해 주택문제 해결을 시도하였다. 이러한 정책으로 인해 단독주택 위주의 주거지개발과 시 외곽에 이주정착지 조성으로 인한 주거지의 평면적 확대가 이루어졌고, 1960년대 후반에는 주거지 개발이 단독주택 위주에서 아파트로 전환되기에 이른다.

2. 1970년대: 강남개발과 아파트의 확산

1950년대 이후 심각했던 주택부족 문제는 1970년대에도 지속되었다. 1970년의 주택보유 현황(서울특별시, 1971)을 보면 서울의 총가구 수는 109만 7천여 가구이나 주택 수는 60만여 호로 주택을 갖지 못한 가구가 50만여 가구로서 주택부족률이 45.5%였다. 이 같은 상황에서 철거민 강제 이주로 인한 광주대단지사건(1971)이 발생하였고 주택문제가 사회문제로 비화되기에 이르렀다. 심각성이 더해지자 정부는 경제개발계획과는 별도로 주택건설 10개년 계획(1972~1981)을 수립하여 10년 동안 250만 호의 주택건설을 공급하기로 계획하였다. 이의 실현을 위해 주택건설촉진법의 제정, 대한주택공사의 기능 강화, 건설부의 주택건설계획 수립 등 각종 제도적 정비가 이루어졌다. 주택정책의 측면에서 보면 1970년대는 적극적으로 국가개입이 이루어진 시기였다.

주거지역의 개발은 1963년 서울에 편입된 지역들, 즉 잠실, 영동, 강서, 강동, 도봉, 상계, 망우지역 등을 중심으로 활발하게 진행되었다. 1969년 한남대교가 건설되고 1970년 경부고속도로가 개통되면서 강남지역의 대대적인 도시개발정책이 추진되었다. 이미 개발 중에 있던 여의도개발과 영동 1, 2지구, 잠실지구 등 대규모 택지개발이 추진되었다. 이를 위해 1972년에는 강남개발을 촉진하기 위한 "특정지구 개발촉진에 관한 임시조치법"을 제정하였다. 이 시기에 현재 서울의 대표적인 아파트지역인 여의도, 이촌동, 잠실, 반포, 압구정 등이 건설되었는데 이 아파트들은 기존의 단독주택단지와는 확연히 구분되어 서울의 주거지역 경관 변화를 주도하였다. 그리고 이 시기를 전후하여 서울의 주택건설은 기존의 단독주택 중심에서 아파트 중심으로 변화하였다.

그러나 아파트단지는 대규모 택지를 전제로 하고 있어 주택건설을 위한 토지확보가 문제로 부각되었다. 이 문제를 해결하기 위해 1975년 정부는 토지구획정리사업지구의 체비지는 집단체비지로 확보할 것을 결정하고, 이를 공공기관이 인수토록 하여 집단적인 주택건설이 가능하게 하였다. 그러나 이는 생각보다 원활한 집단택지 확보 수단이 되지 못하였다. 따라서 집단택지의 확보와 아파트 건설촉진을 위한 제도적 장치로서 1976년에 아파트지구를 도입하였다. 아파트 지구는 민간자본을 이용한 택지개발의 기조 속에서 아파트 건설을 위한 대형 단지 확보를 위한 제도였다. 1976년 8월에 건설부는 서울지역에 여의도, 잠실, 반포, 압구정 등 강남지역의 대부분을 포함하는 총 11개 지구 372만 평(1,129ha)의 토지를 아파트 지구로 지정하였다. 1976년 8월 잠실, 반포, 청담, 도곡, 화곡, 여의도, 이수, 압구정, 서빙고, 원효, 이촌, 구의 12개 지구가 지정되었고 79년에는 암사, 가락지구가 83년에는 아시아 선수촌 지구가 지정되었다. 1980년에 구의지구가 폐지되어 현재 14개 지구가 지정되어 있으며 잠실, 청담·도곡, 반포의 저밀도 아파트지구 재건축이 완료되었거나 진행 중이다.

정부가 1976년 아파트 지구를 토지구획정리지구 내에 지정, 개발을 장려한 정책은 주택난을 극복하기 위한 용도지구의 주택공급적 활용이지 도시계획적 대응이라고 보기에는 무리가 있었다. 용도지역지구제의 근본취지는 토지의 위치 및 특성에 따라 적절한 용도지정을 함으로써 합리적, 효율적 이용을 도모하는 것이다. 그러나 아파트지구는 아파트라는 특정 주택유형을 대량으로 공급하는 사업을 전제로 하기 때문이다. 또한 토지구획정리사업 초기에는 아파트 건설이 고려되지 않았고 구획정리 이후에 용도지구를 지정함으로써 주변공간과의 조화가 어려웠다.

한편 무허가 불량주거지에 대한 철거이주 정착사업은 1971년 광주대단지사건으로 인해 중단되었으며, 본격적인 주택재개발 정책이 1970년대에 들어 시행되었다. 법제적 기초가 1970년대에 이루어졌다. 1971년 1월 도시계획법을 개정하면서 재개발사업 시행조항을 삽입하였다. 73년에는 81년까지 한시법으로 "주택개량촉진에 관한 임시조치법"을, 76년에는 도시재개발법이 도시계획법에서 분리되어 독립법안으로 제정되었다. 1973년에는 446만 평(14.71㎢)에 이르는 196개 주택재개발사업지구를 지정하였고 이를 토대로 자력재개발, 차관재개발, 위탁재개발 등의 재개발사업이 시행되었다.

서울시가 처음 도입한 방식은 자력재개발로 73~75년 사이에 적용되었으며 주택개량을 주민 스스로 하도록 한 데서 붙여진 명칭이다. 이 방식은 토지구획정리사업 기법을 활용한 재개발방식으로 불량주택지의 불규칙한 작은 필지를 대지규모가 50평이 넘도록 합필환지를 유도하고 이 대지에 소형 연립주택이라 할 수 있는 합동주택을 건립하였다. 전면적 철거와 재원 확보가 해결되지 않아 실질적인 사업효과는 미미하였다. 재개발에 소요되는 재정문제를 해결하기 위해 1976년부터 AID차관을 빌려 재개발을 추진하였는데 이 방식이 차관재개발이다. 차관재개발은 자력재개발에서 행해져 왔던 철거 후 개발이 아닌 점진적인 지구수복적 방식으로 접근하였다. 주민참여를 통해 기존의 상태를 정비 또는 개량하고, 철거는 최소화하는 방향으로 추진되었다. 서울시는 1978년 위탁재개발 방식을 도입하였는데 이 방식은 두 가지 점에서 기존 방식과 달랐다. 첫째, 대지규모의 대형화를 통한 공동주택의 건립이었고, 둘째, 주택건설에 민간업체의 참여를 허용하였다. 1985년 도입된 합동재개발의 전형이라고 할 수 있다.

1970년대에는 60년대의 평면적 확대에 따른 비계획적 도시개발의 한계를 인식하고, 각종 개발계획에 따라 강남 위주의 도시 개발이 본격화되어 현재와 같은 서울의 형태가 만들어졌다. 또한 주택건설 10개년 계획의 영향으로 주택건설량이 급격하게 증가하였으며, 이에 따라 서울시내 상당 지역들이 주거지역으로 개발되었다. 그러나 서울의 주택부족 문제는 해결되지 못하였다. 1970년대를 기점으로 서울의 주택건설은 단독주택에서 아파트로 변화하였다.

3. 1980년대: 택지개발, 합동재개발, 다세대주택의 등장

1980년대에도 서울로의 인구집중은 심화되었고 핵가족화로 인한 주택 수요 증가로 주택공급률은 더욱 떨어졌다. 정부는 1972년 250만 호 건설계획의 두 배인 '주택 500만 호 건설 10개년 계획'을 1980년에 발표하였다. 이 계획을 달성하기 위해서는 대규모의 토지획득과 재원 마련이 중요하였다. 그러나 토지구획정리사업, 도시계획법에 의한 일단의 주택지조성사업, 주택건설촉진법 내의 아파트 지구 개발사업, 국민주택용 대지조성사업 등 기존의 개발방식으로는 대규모 택지를 공급하기 어려웠다. 또한 토지구획정리사업은 지가를 상승시키는 부작용이 있어 공영개발방식 도입의 필요성이 제기되고 있었다.

대규모 택지를 쉽게 확보하기 위해 1980년 12월 택지개발촉진법이 제정되었다. 이 법은 주택난의 근본 원인이 주택용지의 부족에 있다는 전제하에 대규모 주택용지의 원활한 공급을 목적으로 제정되었다. 택지개발사업은 서울시 시가지의 39.4%(서울특별시, 1991, p.1117)를 개발한 토지구획정리사업을 대체하면서 주거용 택지개발의 일대 전환을 가져왔다. 환지방식의 토지구획정리사업과 달리 전면매수 방식을 도입하였다. 이로 인해 저렴한 가격에 대규모의 택지를 간편하게 개발할 수 있었고, 1980년대 신규 주택지역 개발의 주요 수단으로 이용되었다. 택지개발사업의 시행으로 그동안 미개발상태로 남아 있던

지역들이 소규모 도시에 필적하는 대규모 아파트 단지로 변모하였다. 이 시기 개발된 지역으로는 개포지구(81~84), 고덕지구(82~85), 목동지구(83~88), 상계지구(85~89) 등으로 서울시 외곽지역의 대부분이 개발되었다.

택지개발사업과 더불어 아파트 공급량이 급격하게 증가하였고 중산층의 주택수요를 충당하였다. 그러나 저소득층의 주택공급에는 한계가 있었다. 저소득층의 주거안정을 위하여 주택정책적 차원에서 임대주택을 육성하였다. 이를 위해 1981년 주택임대차보호법, 1982년 임대주택육성방안이 마련되었으며, 1984년 임대주택건설촉진법이 제정되었다. 그러나 임대주택 건설은 부진하여 저소득층의 주거문제가 심각해졌다.

이에 정부는 '다세대주택'이라는 새로운 주택유형 도입을 통해 주택공급확대와 소규모 임대주택의 건설을 도모하였다. 임창복(1989, p.98)에 의하면 이미 1970년대부터 서울에서 임대를 목적으로 계획된 단독주택이 건설되고 있었다. 한국과학기술원(1981, p.11)의 연구에 의하면 1981년 이미 주택 한 동의 평균 가구밀도는 2.5가구가 될 정도로 다가구주택이 일반화되었기 때문에 다세대주택을 도입하여 이를 공식화한 것이다(이정은, 2007, p.26에서 재인용). 이후 다세대주택은 기존 단독주택지의 재건축을 활성화시키는 계기가 되어 소형 주택과 민간임대주택의 공급효과를 가져왔고 단독주택지 변화를 주도하였다.

한편 1980년대는 불량주택 재개발사업이 주거지 경관변화에 결정적인 영향을 미쳤다. 1980년대 재개발사업은 대부분 무허가 불량주택 지역을 중심으로 전개되었는데, 1970년대 보존 위주의 재개발사업과는 전혀 다른 '합동재개발'사업이 도입되었다. 1960년대 이주정착지 조성을 통해 시 외곽에 형성되었던 무허가 정착지들이 해체되고, 이

지역에 아파트단지가 조성되었다. 합동재개발사업의 특성은 김광중 (서울시정개발연구원, 2001a, p.572)의 서술에서 잘 드러난다. "합동재개발사업 도입 이후 지지부진했던 주택재개발은 1980년대 중반부터 활성화되었다. 이 방식은 서울시나 토지소유자가 진혀 비용을 부담하지 않으면서도 불량주택지를 철거하고 새로운 고층아파트를 건설하는 방식이다. 토지소유자 조합은 토지를 공동으로 제공하고 건설회사는 철거에서부터 건물의 완공에 이르기까지 제반 건설비용을 부담하는 방식이다. 이에 대한 대가로 각 토지소유자는 새로 지어진 아파트를 한 세대씩 분양받고 건설회사는 토지소유주에게 배분하고 남은 아파트를 매각하여 사업비용을 충당하고 이윤을 남기는 방식이었다. 따라서 불량주택재개발에서 서울시의 역할은 이전보다 축소되었다. 이 방식이 도입되면서 불량주택재개발사업은 더 이상 공공재개발사업으로서의 성격이 퇴색되었으며, 대체로 민간주도의 도시개발사업의 성격이 강해지게 되었다."

서울시 주거지 개발에서 주목받지 못하던 무허가 정착지가 아파트단지로 개발된 중요한 요인은 서울의 택지부족 때문이라 할 수 있다. 서울의 신규 택지공급은 한계에 이르렀고, 이에 따라 정책 역시 신규 택지공급에서 기존 주거지역의 활용에 중점을 두기 시작하였다. 1980년대는 신규택지 공급을 위한 택지개발사업이 활발히 진행되었고 개발가능한 지역이 소진됨으로써 더 이상의 평면적 확장은 불가능하였다. 새로운 개발에 의한 택지와 주택공급의 어려움을 극복하기 위해 기성시가지 개발을 통한 주택공급을 시도하였다. 단독주택지에 다세대주택이 도입되었고 무허가 불량주거지는 합동재개발사업으로 변화되었다.

4. 1990년대: 재건축사업, 다가구주택, 주상복합의 활성화

1990년대 들어 서울의 주거지 개발은 그동안의 신규 택지개발 위주에서 기성시가지 개발로 전환하였다. 즉 기존 주거지 재개발을 통한 주택공급에 중점을 두었다. 1980년대 서울의 주요 주거지 개발방식이었던 택지개발사업은 신내, 방화, 공릉, 거여, 월계 등의 지역들이 1990년대 초에 택지개발지구로 지정되었을 뿐 1991년 이후에는 지구수가 급격하게 줄어들었다.

1987년 '주택건설 200만 호 계획'(88~92)이 수립되어 1990년대에도 대규모 주거지 개발이 있었지만 이는 서울시 내의 주거지 개발이 아닌 수도권 내 5개 신도시 건설을 통한 서울의 외연적 확대라 할 수 있다.

따라서 서울의 경우 중·저밀도로 이용되고 있는 단독주택지역을 중심으로 개발압력이 높아졌고 재개발, 재건축, 다가구·다세대주택 건립을 통해 주거지 변화가 진행되었다. 1985년의 다세대주택 도입이 큰 효과를 보지 못하자 1990년 단독주택의 변형으로 다세대주택과 유사한 다가구주택을 새로운 주택유형으로 도입하였다. 다가구·다세대주택은 정부로서는 아무런 재정 부담 없이 기존 저밀도 주거지역을 고밀화하고 동시에 소형, 임대주택을 공급할 수 있어 주택 부족 문제 해결에 상당한 기여를 하였다. 이러한 변화는 단독주택지역을 중심으로 광범위하게 전개되며 90년대 서울의 주거지 경관을 변화시키는 주요 요인으로 작용하였다.

1990년대 또 하나의 단독주택지 변화요인으로 주택재개발사업과 주거환경개선사업을 지적할 수 있다. 노후 불량주택이 기존의 무허가 불량주택에서 일반주택까지 확산되면서 이 두 사업이 새로운 주택 및 주거지역의 정비방식으로 진행되었다. 주거환경개선사업은 1989년 '도시 저소득 주민의 주거환경개선을 위한 임시조치법' 제정에 의해 도입되었고 1990년 이후부터 본격적으로 시행되었다.

또한 주택재건축사업에 의한 주거지 변화가 1990년대 들어 활성화되었다. 1993년 아파트 재건축 허용기준이 완화되면서 재건축에 의한 주거지개발이 급속히 확대되어 주택재건축사업은 주거지 경관변화를 주도하는 사업이 되었다. 이처럼 1990년 이후 활발하게 시행되고 있는 다세대주택건립과 더불어 합동재개발사업, 재건축사업, 주거환경개선사업들이 주거지 경관변화를 주도하였으며 주택공급량도 큰 비중을 차지하였다.4)

또한 1990년대 주거지 개발에 있어 새로운 현상으로 주상복합의 활성화를 들 수 있다. 주상복합 아파트는 도심 내 주택공급 촉진을 취지로 1980년대에 제도적 기반이 마련되었고 대형 고급주택 사업 가능성이 부각되면서 1990년대 들어 활발히 진행되었다. 특히 1997년의 외환위기(IMF)사태는 주상복합 확산에 있어서 결정적 계기가 되었다. 이는 당시 경제 위기 상황을 극복하고자 주택건설업체가 업무용도로 취득한 토지를 매각하거나 고가의 토지구입비를 보정하기 위해 초고층, 고급아파트 개발 사업을 시행하였다. 고급주택 수요를 충족시키며 분양에 성공하였고 이러한 선례가 서울시 전역의 개발 붐을 견인하게 되었다(서울시정개발연구원, 2007, p.17).

1990년대는 주택 및 주거지의 재개발시기라고 할 수 있다. 60년대

---

4) 서울특별시(1996)의 연구에 의하면 재건축사업에 의해 건설된 주택이 전체 주택건설량에 대해 차지하는 비율이 1993년 12.2%에서 1994년 17.8% 1995년 37.6%로 증가하였다. 또한 재개발사업에 의한 주택건설량은 1993년 43.7%, 1994년 37.7%, 1995년 31.7%를 차지하고 있다(공동주택연구회, 전게서, p.70에서 재인용).

에서 80년대에 걸친 평면적 확대를 통한 주거지 개발로 인해 서울의 개발 가능한 택지는 거의 고갈되었다. 또한 개발 가능한 토지 또한 소규모로 산재되어 있어 대규모 택지개발방식으로는 개발이 어려운 실정이 반영되었기 때문이다. 주거지 재개발을 위해 아파트 이외에 다가구·다세대 주택 및 주상복합 아파트 등 새로운 주택유형의 활성화를 위한 법제적 기반이 이루어졌다.

5. 2000년대: 뉴타운사업

2000년대 초에는 전국의 주택보급률이 100%를 넘었고, 서울시도 1990년 68%에서 1995년 77.4%, 2000년 82.5%까지 증가하는 등 주택의 양적 공급측면에서 괄목할 만한 성과가 있었다(서울특별시, 2004, p.10). 2000년대에는 주택의 양적 문제보다 질적 문제가 부각되며 서울시의 주거지 개발 정책도 개발이 아닌 정비와 관리로 넘어가는 시기라고 할 수 있다. 그동안의 주거지 개발과정의 문제를 해결하기 위해 도시계획 및 주택 관련 법제의 대대적인 개편작업에 착수하였다. 2000년 도시개발법, 2002년 '도시 및 주거환경 정비법', 2003년 '국토의 계획 및 이용에 관한 법률', 주택법, 2006년 '도시재정비 촉진을 위한 특별법' 등이 제정되었다. 그러나 이와 같은 법제 개편에도 불구하고 2000년대 서울시 주거지 개발은 주택재개발과 재건축사업이 이끌어 가고 있으며 광역적인 기성시가지 재개발로 확대 개편되고 있다. 2003년 서울시는 지역균형발전지원에 관한 조례를 제정하여 뉴타운사업을 도입하였다. 뉴타운 사업의 또 다른 도입 배경에는 90년대에 이어 여전히 주택재개발, 재건축이 서울시 전역에서 광범위하게 산발적으로 지속되는 문제를 해결하고자 하는 의도도 있었다.

뉴타운사업은 공공이 광역단위의 개발을 시행하는 것으로 소규모의 재개발, 재건축사업을 통합하여 전체 개발계획을 설정하고 공공기반시설 계획을 강화하는 것이다. 그러나 기성시가지를 대상으로 하는 택지개발적 성격을 지니고 있으며 여전히 기존의 재개발사업에서 드러나는 문제점들이 지적되고 있다. 2000년대 서울시 주거지 개발은 여전히 80, 90년대 주거지개발방식의 확대 재편이라고 할 수 있다.

한편 전면철거 재개발사업 문제점을 보완하는 주거지 정비방식인 '휴먼타운 사업'이 2010년 4월 서울시에 의해 도입되었다.5) 이 사업은 단독, 다가구, 다세대로 이루어진 저층주거지를 보존, 개선하고 재개발에 의한 아파트 일변도의 주택유형 획일화와 경관훼손 문제를 해소하고자 도입되었다. 기존의 주거지 정비방식과는 다른 바람직한 전환이라고 할 수 있다. 그러나 일각에서는 휴먼타운사업의 재원을 위해 도입한 결합개발방식(CRP; Conjoint Renewal Program)의 문제점을 지적하고 있다.6) 또한 '도시 및 주거환경 정비법' 내에 법제화가 선행되어야 사업이 지속될 수 있다. 이와 같은 문제점이 해결되면 주거지 경관변화관리의 바람직한 방향을 제시할 것으로 판단된다. 이상으로 1960년대 이후 2000년대까지 서울시의 주거지 개발방식을 요약

---

5) 서울시는 아파트의 장점과 골목길과 커뮤니티가 살아있는 저층주택의 장점이 하나로 통합된 신개념 저층주거지 조성 방안을 도입하고 2011년 시범사업을 추진하여 향후 확대해 나갈 방침을 밝혔다. 서울시는 이를 정비사업 방식으로 진행하기 위해 '도시 및 주거환경 정비법' 내에 '주거환경관리사업'의 신설과 주택법 개정을 건의할 방침이다(2010년 4월 14일 서울시 보도자료).

6) 결합개발방식은 주변지역의 재개발 아파트 용적률을 높여주고 휴먼타운사업 지역의 기반시설을 기부채납 받는 방식이다. 결국 휴먼타운 주변에는 더 높은 아파트가 들어서고, 주변 재개발사업을 용이하게 하기 위해 기존 주거지를 '지렛대'로 활용한다는 오해를 불러일으킬 수 있다고 마포FM은 지적하고 있다. http://mapotoday.tistory.com/4364 참조(2010년 11월 12일 접속)

정리하면 <표 3-1>과 같다.

〈표 3-1〉 시기별 주거지개발 방식

시기	주요 주택 관련 법제 및 정책	주요 개발방식과 특징
1960년대	- 주택 관련 법제 기반의 확립 - 토지수용법(1962) - 도시계획법(1962) - 건축법(1962) - 공영주택법(1963) - 토지구획정리사업법 (1966)	- 토지구획정리사업 - 일단의 주택지 및 시가지 조성사업 - 일단의 불량지구 개량에 관한사업 - 단독주택 중심의 주택공급 - 민간의존적 주택공급 - 주거지의 평면적 확산 - 아파트의 도입
1970년대	- 주택건설 10개년 계획(1972~1981) - 주택건설촉진법(1972) - '특정지구 개발 촉진에 관한 법률'(1972) - '주택개량 촉진에 관한 임시조치법'(1973) - 도시재개발법(1976) - 아파트지구 법제화(1976) - 아파트지구 개발기본계획 수립에 관한 규정(1979)	- 토지구획정리사업 - 일단의 주택지조성사업 - 대지조성사업 - 도시재개발사업 - 국가개입에 의한 주택공급 - 강남지역 개발 - 대규모 아파트 단지의 조성 - 주택재개발사업 정착 - 안산(77), 과천(79)신도시 건설
1980년대	- 주택 500만 호 건설계획(1981) - 택지개발촉진법(1980) - 합동재개발사업 도입(1983) - 다세대주택 도입(1985) - 재건축사업 도입(1987) - 주택 200만 호 건설계획(1988)	- 대단위 택지개발사업 - 합동재개발사업의 도입 - 주택재건축사업의 도입 - 주상복합 도입 - 주거환경개선사업 도입
1990년대	- 외연적 확대(수도권 신도시개발) - '도시 저소득 주민의 주거환경 개선사업을 위한 임시조치법'(1989) - 다가구주택 도입(1990)	- 수도권 5개 신도시건설(1989) - 주거환경개선사업 - 다가구·다세대주택의 건축 붐 - 합동재개발사업 활성화 - 재건축사업 - 주상복합아파트의 활성화
2000년대	- 도시개발법(2000) - '도시 및 주거환경 정비법'(2002) - '국토의 계획 및 이용에 관한 법률'(2003) - 주택법(2003) - '도시재정비 촉진을 위한 특별법'(2006)	- 주택재건축 활성화 - 주택재개발 활성화 - 뉴타운사업의 도입 - 주상복합아파트의 지속적 확대 - 휴먼타운사업 도입(2010)

6. 서울시 주택유형의 변화

지난 40여 년간 서울시 주거지 변화의 특징을 보면 시기별로 주거지 개발방식에서 차이가 나타나고 있는 점, 다양한 개발방식과 주택유형 도입을 통해 주택 부족의 문제를 해결하려 했다는 점을 들 수 있다. 또 하나의 특징은 이 같은 과정을 거치면서 서울시 주택유형도 급격히 변화하였다는 점이다.

서울시는 1970년대 초반까지만 해도 단독주택 중심의 도시였으나 아파트, 다세대, 다가구 주택의 도입 이후 '단독주택의 소멸'과 '아파트의 확산'으로 주택유형 변화를 요약 설명할 수 있다. 아파트와 함께 다세대주택이 서울시 주택유형에서 중요한 위치를 차지하고 있으며 이 두 유형은 전체 주택비율에서 80%에 육박하고 있다. 이와 같은 주택유형의 변화는 주거지 개발과 관리, 주택공급정책과 밀접한 관련을 맺고 있는데 본 절에서는 이러한 주택유형 변화의 양상을 고찰한다.

2009년 현재 서울시 주택재고는 약 247만 8천 호이며 주택유형 비율을 보면 아파트가 56.8%, 단독주택이 9.1%, 다세대주택이 18.9%, 다가구주택이 8.3%를 차지하고 있다. 1970년 단독주택은 전체 주택재고 58만 3천 호 중 51만 5천 호로 전체 주택유형의 88.4%를 차지하였고, 이 추세는 1975년까지 지속되었다. 그러나 1975년 이후 단독주택의 비율은 80년 70.7%, 90년 50.7%, 2000년 29.6%, 2009년 9.1%로 대폭 감소하였다. 10년을 주기로 전체 주택유형 비율에서 20%씩 감소하는 추세이며 전체 주택재고로 보자면 73년 당시 64만 호이던 단독주택은 2009년 현재 22만 4천 호로 42만여 호가 감소하였다.

반면 1970년 전체 주택의 4.1%에 불과하던 아파트는 80년 19.0%,

90년 35.1%, 2000년 46.5%, 2009년 56.8%로 급증하였다. 1996년 40.8%의 비율을 차지한 이후 아파트는 단독주택보다 더 많은 비중을 차지하고 있고 2009년 현재 140만 7천 호로 전체 주택재고의 56.8%이다. 다세대 주택의 경우는 1990년 이후 주택재고 산정이 이루어지고 있는데 지속적으로 증가하고 있다. 다세대주택은 90년대 초, 중반과 2000년대 초반 두 번에 걸쳐 주택건설량이 증가하였다.

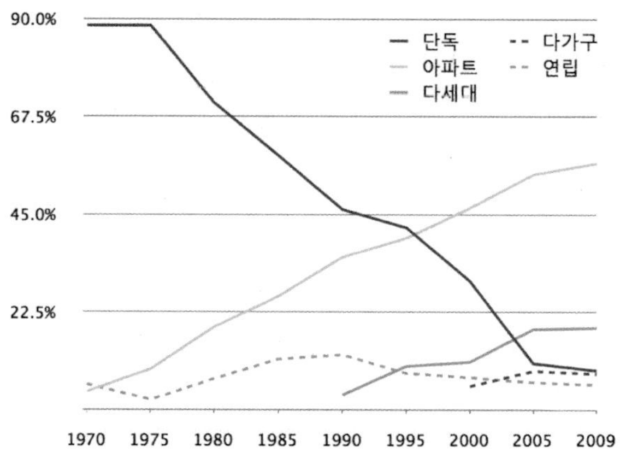

〈그림 3-2〉 주택유형별 비율 변화 추이(1970~2009)

　　다세대주택은 90년과 95년 사이 급증하여 90년 3.4%에서, 95년 10%까지 증가하였고 이후 1999년까지는 소폭 증가에 그쳐 1999년 10.4%를 기록하였다. 1999년 이후 2003년까지 또다시 증가폭이 상승하여 1999년 20만 9천 호이던 주택재고는 2003년 39만 8천 호로 거의 두 배에 가까운 다세대주택이 건설되었다. 2003년 이후에는 다세대 증가폭이 감소하여 2009년 현재 46만 7천여 호로 전체 주택재고의 18.9%를 차지하고 있다. 주택유형상 다세대 주택과 유사하나 단독주택으로 구분되는 다가구주택은 90년 도입되었으며 98년 이후 공식적인 집계가 되고 있다. 다가구주택은 도입 이후 다세대주택과 함께 80년대 중반에서 90년대 중반까지 서울시 주택공급의 50% 이상을 차지하며 중요한 부분을 담당하였다.

<표 3-2>를 보면 1990년 65만 9천 호이던 단독주택이 1991년 80만여 호로 증가하고 93년에는 82만 8천 호까지 증가하였다. 이는 분리 집계되지 않던 다가구주택이 증가분이 포함되었기 때문이라고 볼 수 있다. 이처럼 90년대 초반 증가하였던 다가구 주택은 2000년 5.4%의 비율을 차지하였고 지속적으로 증가하여 2005년 20만 7천여 호까지 증가하였으나 이후 감소추세로 2009년 현재 20만 6천여 호로 전체 주택재고의 8.3%를 차지하고 있다. 이처럼 서울의 주택재고 중 아파트 비율은 매년 증가하고 있으며 단독, 다가구, 연립주택은 감소추세에 있고, 다세대주택은 2000년대 증가세에서 2005년 이후 정체 상태에 있다.

다세대·다가구주택은 1985년과 90년 각각 공식화된 이후, 꾸준히 증가하였다. 1990년에 서울시 전체 주택 재고량에 3.4%에 불과하였던 다세대주택은 2000년에는 11%로 증가하였고, 2009년에는 서울시 전체 주택 재고 중 18.9%를 차지하였다. 이처럼 다세대 주택은 서울의 주된 주택유형으로 자리매김하였다.

<그림 표 3-2> 서울시 주택유형의 구성(1970~2009)

연도	단독주택			공동주택			주택호수
	단독	다가구	아파트	연립	다세대	기타	
1970	515,916		23,987	34,418		9,291	583,612
1973	640,420		40,719	19,615			700,754
1974	666,311		51,385	18,960			736,656
1975	674,689		71,179	17,216			763,084
1976	677,009		95,817	29,745			802,571
1977	687,614		117,188	33,712			838,514
1978	696,445		152,780	42,859			892,084
1979	697,113		164,072	69,929			931,114
1980	684,083		183,846	68,885		31,319	968,133
1985	688,740		306,398	137,011		44,013	1,176,162
1990	659,552		502,501	181,156	48,762	39,010	1,430,981
1991	800,858		545,775	252,656			1,599,289
1992	825,506		592,121	147,004	128,276		1,692,907
1993	828,018		679,551	149,841	152,055		1,809,465
1994	819,409		705,972	153,345	169,098		1,847,824
1995	781,613		737,632	157,092	187,129		1,863,466
1996	768,314		772,814	156,783	197,023		1,894,934
1997	759,325		809,576	159,263	203,984		1,932,148
1998	645,400	111,213	842,643	161,883	206,915		1,968,054
1999	640,523	111,432	896,359	161,528	209,560		2,019,402
2000	611,414	112,343	961,868	154,315	228,113		2,068,053
2001	599,483	113,188	1,012,904	150,886	264,214		2,140,675
2002	581,927	114,922	1,052,401	146,243	348,502		2,243,995
2003	569,064	116,097	1,120,107	139,411	398,020		2,342,699
2004	561,317	116,234	1,191,002	134,276	415,843		2,418,672
2005	248,880	206,977	1,258,658	146,877	430,502	30,055	2,321,949
2006	243,581	207,237	1,307,113	145,278	436,479	30,055	2,369,743
2007	236,477	207,225	1,330,658	143,852	442,769	30,055	2,391,036
2008	229,207	206,861	1,381,252	143,565	460,142	30,055	2,451,082
2009	224,319	206,078	1,407,114	143,135	467,899	30,037	2,478,582

자료: 서울특별시, 1978; 서울특별시, 서울통계연보 각 연도; 서울특별시, 2005b; 대한주택공사, 1970; 대한주택공사, 1971; 대한주택공사, 1974; 대한주택공사, 1980; 대한주택공사, 1983.

04
주택 관련
법제와
주거지 관리

1. 주택 관련 법제와 경관변화의 관계

주거지 변화는 정치적 결정, 사회경제적 요인, 전통적인 문화, 지리 및 자연환경적 요인, 그 사회가 만들어 내고 유지하는 제도, 디자인, 기술, 재료 등 다양한 요인들의 영향을 받는다. 이 개별 요인들은 복잡한 상호 관계를 형성하고 있어 하나의 요인이 아닌 복합적 요인이 작용하여 주거지와 주택의 변화를 유발한다.

Rapoport(1969)는 하나의 문화권에서 주거형태 혹은 주택유형은 자원, 기술, 기후, 풍토 등과도 밀접한 연관이 있지만 사회문화적 요인과 관련이 깊다고 지적하였다. 손세관(2000)은 도시주거의 유형변화에 작용하는 요인을 크게 여섯 가지로 규정하고 있는데, 첫째, 도시화에 따른 주거환경의 고밀화, 둘째, 토지이용, 가로, 필지패턴 변화에의 적응, 셋째, 주거의 개념 변화, 넷째, 제도 및 법규의 영향, 다섯째, 재료 및 공법의 변화, 여섯째, 동시대 공공건축의 양식적 변화를 들고 있다.

주택이 "사회문화 요소의 산물"이라는 **Rapoport(1969)**의 규정을 따
른다면 주거지 변화 혹은 주거지 경관변화의 원인을 분석하기 위해
서는 동 시대의 사회문화적 영향 요인에 대한 전반적인 분석이 뒤따
라야 한다. 그러나 전반적인 영향 요인을 상세히 파악하고 그것과 관
련하여 주거지 경관변화를 기술하는 것은 쉽지 않다. 따라서 경관변
화의 주요 원인을 무엇으로 설정하느냐에 따라 설명하는 방식과 내
용이 달라질 수 있는데 이 책에서는 주거지 경관변화에 영향을 미치
는 주요 요인으로 제도적 요인, 즉 주택 관련 법제에 주목하였다.

주택 관련 법제는 그 사회의 정치, 경제, 문화적 특성은 물론 구성
원들의 욕구와 이해관계를 반영하는 구성체계이다. 압축적 도시 성
장, 국가주도의 주택정책과 주거지 개발을 경험한 서울의 경우에는
특히 중요한 영향 요인이다. 또한 주택 관련 법제가 주거지 경관요소
인 건물, 필지, 도로, 오픈스페이스 등의 계획과 설계에 직접적인 영
향을 주는 규제 수단이며 현재 국내 주거지 경관관리의 방향이 주로
주택 관련 법제를 활용한 방법을 통해 접근되고 있기 때문이다. 즉,
주거지 경관변화는 주택정책, 주거지 개발과 계획, 건축계획의 기반
인 주택 관련 법제와 깊은 관련을 맺고 있으며, 따라서 주택 관련 법
제는 다른 요인들보다 그 영향의 정도가 직접적이다.

일반적으로 주택 관련 법제란 주택 관련 법률과 이 법률에 의해 시
행되는 제도를 의미하는데 주택금융과 부동산대책 관련법까지 포함
하기도 한다. 이 책에서는 주거지 경관요소인 건물, 필지, 도로, 오픈
스페이스의 계획 및 설계 기준에 관계되는 중앙정부차원의 법률(법,
시행령, 시행규칙, 규칙, 규정)과 서울시의 조례, 심의기준, 지침 등으

로 주택 관련 법제를 한정하였다. 또한 이와 같은 법과 조례에 의해 수립되는 기본계획의 내용도 포함하였다. 계획과 설계에 직접적으로 영향을 주지 않는 법제의 운영, 기준의 적용 절차나 과정에 대한 내용은 제외하였다.

주거지 개발 규제는 모든 건축물을 대상으로 하는 '국토의 계획 및 이용에 관한 법률'과 건축법, 일정 규모 이상의 주거단지, 주로 아파트를 대상으로 하는 주택법, 기성주거지 재개발, 재건축 등을 규정하는 '도시 및 주거환경 정비법'에 의해 주로 이루어지고 있다. 개별적으로 진행되는 필지 단위의 주거용 건물은 용도지역지구제와 건축법상의 기준을 준수하는 것이 기본이다. 그러나 우리나라의 경우 주거지 개발이 단지화, 즉 아파트 중심으로 건설되면서 주택법 내 하부규정인 '주택건설기준 등에 관한 규정'을 통해 단지 내 주택, 도로, 주차장, 부대복리시설 등의 계획 및 설계기준을 추가 적용하고 있다.

'국토의 계획 및 이용에 관한 법률'은 용도지역지구제, 지구단위계획, 도시계획시설 규정 등으로 주거단지계획의 기준을 제시하고 있으며 건축법은 주거지 내 개별 건축물의 설계 규정을 담고 있다. 이 외에 주거용 택지의 공급과 개발 관련 법률로는 택지개발촉진법, 도시개발법 등이 있다. 주택 공급 및 건설 관련 법률로는 2003년 주택건설촉진법이 개정된 주택법이 있다. 광의로 보면 헌법, 국토기본법, '국토의 계획 및 이용에 관한 법률'도 주택건설과 관련되나 주택법이 주택공급과 건설의 전반적인 내용을 담고 있으며 주택법 산하 규정 중 주택공급과 건설에 중요한 영향을 끼치는 '주택건설기준 등에 관한 규정'이 있다. 주요 주택 관련 법률 및 관련 계획과 사업을 정리하면 <표 4-1>과 같다.

<표 4-1> 국내 주요 주택 관련 법률과 계획 및 사업

법률	시행령, 규칙, 조례	관련 계획 및 사업
택지개발촉진법	- 동법 시행령 및 시행규칙 - 택지개발업무처리지침(국토해양부)	- 택지개발사업
도시개발법	- 동법 시행령 및 시행규칙 - 서울시 도시개발조례 및 시행규칙	- 도시개발사업
도시 및 주거환경 정비법	- 동법 시행령 및 시행규칙 - 서울시 도시 및 주거환경 정비조례	- 도시주거환경정비기본계획 - 주택재개발사업 - 주택재건축사업 - 주거환경개선사업
도시재정비 촉진을 위한 특별법	- 동법 시행령 및 시행규칙	- 뉴타운사업
주택법	- 동법 시행령 및 시행규칙 - 주택공급에 관한 규칙 - 주택건설 기준 등에 관한 규정 및 규칙 - 아파트지구개발기본계획수립에 관한 조례 - 서울시 주택조례	- 주택종합계획 - 대지조성사업
국토의 계획 및 이용에 관한 법률	- 동법 시행령 및 시행규칙 - 서울시 도시계획 조례 및 시행규칙 - 지구단위계획수립지침 - 도시계획시설기준에 관한 규칙	- 광역도시계획 - 도시기본계획 - 도시관리계획 : 용도지역지구의 지정 : 지구단위계획 : 도시계획시설 설치, 관리
건축법	- 동법 시행령 및 시행규칙 - 서울시 건축조례	

일반적으로 한 국가의 정책은 법과 제도를 통해, 계획이라는 형식으로, 사업에 의해 시행된다. 그러나 서울의 주거지개발은 1960년대 이후 주택부족 문제 해결에 급급한 시대적 상황에서 정교하게 구성된 도시계획보다 주택공급논리에 의해 이루어졌다. 따라서 당시의 주택문제가 결국 도시계획의 기반이라 할 수 있다. 최막중(1995)은 서울의 도시와 주거지 개발은 '공간정책적 패러다임이 아닌 주택정책적 패러다임'에 의해 진행되었다고 지적하고 있다.[7]

2000년대 들어 도시 및 주택 관련 법제의 정비 이후 이러한 경향은 많이 감소하였다. 각종 계획에 의해 주거지 정비 및 관리가 이루어지고 있으나 서울의 도시와 주거지 개발은 여전히 주택문제 해결에 초점을 맞추고 있다.

2. 서울시의 주거지 관리방식

이 책에서는 60년대 이후 개발된 주거지들 중 개발방식과 변화의 양상을 대표할 만한 사례를 선정하여 경관변화를 살펴보았다. 사례연구 대상지 선정을 위해 개발 초기 주택유형, 시기별 주거지 개발방식, 주택유형과 경관요소 변화 양상을 <표 4-2>와 같이 유형화하였다. 이 중 대표적이라 할 수 있는 변화방식 4가지를 선정하여 연구를 진행하였다. 주택유형과 주거지 개발방식, 변화방식과 양상이 아래와 같이 명확하게 일반화할 수는 없다. 대표적인 경향을 정리한 것임을 밝혀둔다.

우선 서울시의 주택유형별 주거지 개발방식을 살펴보면 단독주택의 경우 대부분 60년대 이후 토지구획정리사업과 자생적으로 형성되었다. 아파트는 70년대 이후 아파트지구와 80년대의 택지개발사업을 통해 주로 형성되었고 주상복합은 90년대 중반 이후 복합용도개발에 의해 형성되었다. 이후 주택유형과 경관요소가 동시에 변화하는 양상으로 주거지 경관변화가 진행되고 있는데, 이는 경관요소의 부분적

---

7) '공간정책적 패러다임'이란 도시 및 주거지 개발을 공간구조적 관점에서 접근하는 시각으로 주택이 도시의 한 구성요소라는 평범한 논리에 기초함으로써 주택문제를 도시문제 속에 포함하려는 시각이고 주택정책적 패러다임이란 도시개발을 주택문제 해결에 초점을 맞추고 있는 시각으로 규정하고 있다(최막중, 1995, p.32).

〈표 4-2〉 서울시의 주택유형별 주거지 개발방식과 변화 양상

주택유형	주거지 개발방식	변화 방식과 양상	연구범위
단독주택	자생적 주거지	－ 합동재개발 － 주택유형 변화(아파트로 변화) － 경관요소 전반적 변화(단지단위 변화)	○
	토지구획정리사업 (60년대 이후)	－ 단독주택지 개발 － 주택유형 변화(다가구, 다세대 주택화) － 경관요소 부분적 변화(필지단위 변화)	○
아파트	아파트지구 (70년대 이후)	－ 아파트 재건축 － 주택유형 유지 － 경관요소 전반적 변화(단지단위 변화)	○
	택지개발사업 (80년대 이후)	－ 아파트 재건축 － 주택유형 유지 － 경관요소 전반적 변화(단지단위 변화)	○
주상복합 (아파트)	복합용도개발 (90년대 이후)	－ 새로운 주택유형의 도입 － 필지 단위 형성	○

변화를 유도하는 '단지단위 변화 방식'으로 구분할 수 있다. 토지구획
정리사업지역에서 건물과 필지 중심의 변화를 동반하며 나타나는 단
독주택의 다가구, 다세대화가 전자에 해당한다면 기존 단독주택, 필
지, 도로 체계를 소거하고 단지 중심의 아파트로 변화하는 재개발이
주택유형과 경관요소의 전반적인 변화를 야기하는 대표적인 방식이
다. 90년대부터 본격화된 재건축의 경우도 기존 아파트를 대체하여
새로운 아파트를 짓는 방식으로 기존의 대형 필지, 즉 단지와 주택유
형의 변화 없이 기존 건물과 내부 가로 체계만 변화시키는 방식이다.

이를 토대로 ① 60년대 토지구획정리사업에 의해 형성된 단독주택
에서 80년대 이후 다가구, 다세대주택으로 변화한 지역, ② 자생적 주
거지가 80년대 합동재개발에 의해 아파트로 변화한 지역, ③ 70년대
아파트지구 개발에 의해 형성된 지역이 재건축으로 인해 변화된 지
역, ④ 90년대 복합용도 개발에 의해 새로운 주택유형인 주상복합이

도입된 지역을 사례연구 대상으로 선정하였다.

　사례연구의 공간적 범위는 다음의 기준에 의해 선정하였다. 첫째, 당시의 주거지 개발방식에 의해 단독, 다가구, 다세대, 아파트, 주상복합 등 수택유형과 경관요소가 변화된 지역으로 한징하였다. 유사한 물리적 여건임에도 변화하지 않고 지역적 특성에 따라 초기 상태를 유지하는 지역도 있지만 변화와 법제의 상관성을 고찰하는 연구의 특성을 고려하여 초기 연구 대상지 검토 단계에서 제외하였다. 둘째, 가구 단위 분석이 가능한 지역을 선정하였다. 이는 가구 내 필지변화나 단지 변화 분석이 가능하기 때문이다. 80년대 대표적인 주거지 개발방식으로 대규모 아파트 단지 개발을 위한 택지개발사업은 전술한 기준에 부합하나 소도시 크기의 대규모 개발이기 때문에 연구 범위에서 제외하였다. 셋째, 동일 용도지역으로 지정되어 있는 지역을 선정하였다. 이는 용도지역에 따라 밀도 규제의 방식에서 차이가 나타나기 때문이다. 연구대상지 4개 중 3개 지역은 일반주거지역 1개 지역은 일반상업지역이다. 또한 주거지 경관변화 양상의 대표성, 연구자료 취득 가능성 등을 고려하여 선정하였다.

　서울시 주거지의 변화방식과 양상은 크게 3가지로 압축, 정리할 수 있다. 첫째, 단독주택지의 다가구, 다세대화 둘째, 단독주택지의 아파트 재개발 셋째, 아파트의 재건축이다. 단독주택지가 다가구, 다세대주택으로 변화하는 것은 거의 마무리 단계에 들어서 있다고 할 수 있다. 따라서 향후에는 단독주택지들이 아파트 단지로 변모할 가능성이 높다. 최근에 휴먼타운사업이나 두꺼비하우징사업과 같은 단독주택지 보호를 위한 긍정적인 정책들이 제기되고 있으나 실효성이 얼마나 있을지는 시간을 두고 지켜봐야 할 것 있다. 이처럼 기존의 주거지가 아파트 단지화되는 원인은 서울시의 주거지 관리방식을 보면 이해할 수 있다.

서울시는 현재 용도지역 종세분화를 통해 주거지역을 유형화하고 용도지역별 주거지 관리방안을 제시하고 있다. 일반주거지역을 1, 2, 3종으로 세분화하여 건축물높이, 건폐율, 용적률 등을 차등하여 규정하고 있다. 종세분화의 목적은 주거지역의 입지특성과 주택유형, 개발밀도를 고려하여 저층, 중층 및 중·고층 중심의 차별화된 주거지역을 조성, 관리하기 위한 것이다. <표 4-3>과 같이 일반주거지역의 세분화 기준은 자연지형(경사 및 표고), 교통환경(간선도로, 역세권), 도시계획사항(용도지역, 지구, 도시계획사업, 도시계획시설) 등의 입지특성과 주택유형, 개발밀도 관련 기준 등으로 구분할 수 있다. 서울시 일반주거지역 종세분화 추진과정을 보면 1992년 도시계획법 시행령 개정을 통해 도입되었고 2000년 세분화가 의무화되었다.

서울시는 현행 용도지역제가 주거지 관리에 한계가 있음을 인식하고 있으며 서울시 일반주거지역 종별 관리방안 연구(2007)에서는 기존의 일반주거지역을 유형화하여 관리하기 위해 1, 2, 3종 일반주거지역 종별 관리대상의 유형화를 실시하였다.8) 이를 위해 종별 관리대상 등을 유형화하여 지정 대상의 특징을 유지해야 하는 지역, 강화가 필요한 지역, 조정이 가능한 지역 등으로 구분하였다. 연구에 의하면 서울시 일반주거지역의 61.2%는 현재의 종 특성을 유지하는 것이 비교적 바람직한 것으로 분석되었고 종세분 조정이 필요한 경우가

---

8) 계획적 난개발을 조장하는 현행 용도지역 조정의 기준 개선 필요성, 주택 재개발 및 재건축사업에 따른 종 상향에 대한 효과적인 대응 필요성, 경직된 용도지역제도의 유연성 확보의 필요성 등을 지적하고 있다(서울특별시, 2007, p.118).

〈표 4-3〉 일반주거지역 종별 지정목적과 세분화 기준

구분	지정목적	입지특성 및 세분화 기준
1종	저층주택 중심의 주거지로서 양호한 주거환경이나 구릉지 등의 경관보호가 필요한 지역	− 표고 40m 이상이면서 경사도 10도 이상인 곳 − 저층저밀(용적률 150%, 4층 이하)의 양호한 주거지 − 자연경관지구(3층 이하)로 지정된 곳 − 최고고도지구(4층, 15m 이하)로 지정된 곳 − 문화재보호구역으로 지정된 곳 − 공원 및 경관녹지 등으로 지정된 곳
2종	중층주택을 중심의 주거지로서 일반적인 주거기능의 보호가 필요한 지역	− 평지에 입지한 중, 저층의 주택이 밀집된 곳 − 주상혼재의 주거중심지역(비주거율 20~40%) − 중층중밀(용적률 200%, 12층 이하)의 주거중심지역 − 1종, 3종 입지특성이 나타나지 않는 일반주택지
3종	중·고층주택 중심의 주거지로서 근린상업시설과 주거가 조화롭게 입지할 필요가 있는 지역	− 상업지역 또는 준주거지역에 면한 곳 − 역세권에 포함되거나 간선도로(25m)에 면한 곳 − 상업기능이 발달한 곳(비주거비율 40% 이상) − 고층고밀(용적률 200% 초과, 13층 이상) 주거지역 − 도심재개발사업구역의 내부이거나 그에 면한 곳

자료: 서울특별시, 2007, p.22.

전체의 15.4%, 그리고 향후 종 특성의 유지를 위하여 강화 및 보완이 필요한 지역도 전체의 23.4%에 달하는 것으로 나타났다.

기존 연구에서 지적하듯 현재의 용도지역 세분화를 통한 주거지 관리에 문제가 생기는 원인은 아이러니하게도 서울시의 주거지 관리를 위한 주거지 유형 구분과 주거지 관리 방식과의 차이에서 나타난다. 서울시는 도시·주거환경정비기본계획 상에서 주거지를 <그림 4-1>과 같이 10개의 유형으로 구분하고 있다.

주거지 유형의 분류 개념은 불량, 노후, 양호, 기반시설, 주택유형이 주요한 기준임을 알 수 있다. 또한 불량, 노후, 양호의 판단은 물리적인 기준이고(서울특별시, 2004, p.132) 기반시설의 경우는 학교, 도로, 공원, 녹지 등 도시계획시설의 부족 여부에 초점이 맞추어져 있다.[9]

주거지 유형 구분의 기준을 보면 ① 전통주거지, ② 정비사업이 필

요한 주거지, ③ 혼재형 주택지, ④ 기반시설이 부족한 주거지, ⑤ 지역여건(지형과 역세권)을 활용하여 구분하고 있다. 주거지 유형화 기준과 과정을 보면 첫 번째, 보존과 관리 여부(전통주거지), 두 번째, 정비사업 필요 유무, 세 번째, 주택유형(단독, 공동, 혼재형), 네 번째, 도시계획시설사업 필요 여부(기반시설 부족 여부)에 따라 주거지를 10개의 유형으로 구분하고 있다.

유형별로 주택유형, 지역여건(평지, 구릉지, 역세권), 용도지역지구를 고려하여 사업에 기반을 둔 관리방안을 제시하고 있다. 6개의 주거지 관리방안을 구체적으로 살펴보면 존치/보호, 주거환경개선사업, 주택재개발사업, 주택재건축사업, 도시계획시설사업, 단독주택과 공동주택의 연접지 관리로 구분하고 있다. 그러나 사업방식이 아닌 존치/보호의 관리방안이 적용되는 전통한옥밀집지역, 양호단독주택지역, 양호공동주택지역도 장기적으로 노후화될 경우에는 전통한옥밀집지역을 제외하고는 궁극적으로는 재개발, 재건축사업에 의한 관리방안이 도입될 것으로 보인다. 따라서 재개발, 재건축 정비 예정구역은 더욱 확대될 것으로 보인다. 현재의 기반시설과 노후도, 주택유형에 따라 분류하는 주거지 유형분류 체계를 볼 때 현 시점에서 양호한 지역도 시간이 지나면 노후화될 것이고 노후불량주택지역의 경우는 결국 재개발과 재건축에 의해 관리될 것으로 판단된다.

---

9) 주거지 유형화의 2번째 단계에서는 물리적인 현황인 호수밀도, 노후불량주택비율, 과소필지비율, 접도율 등을 기준으로 정비사업이 필요한 주거지를 구분하고 있다.

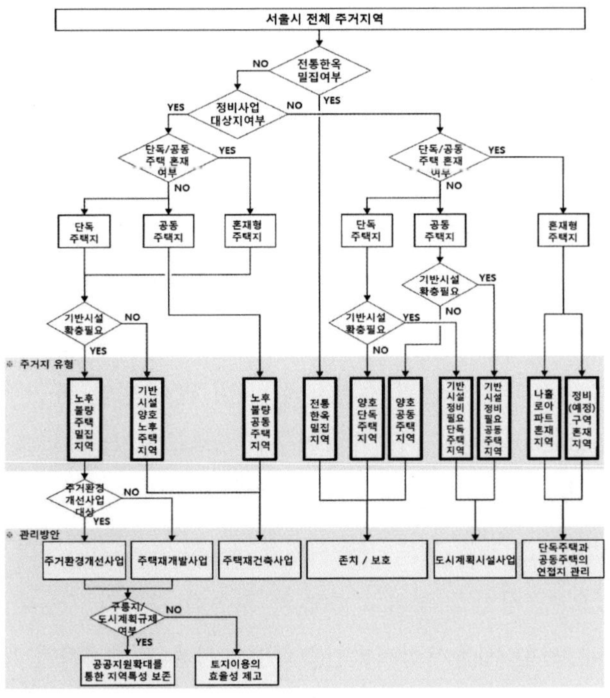

자료: 서울특별시, 2004, p.133.

〈그림 4-1〉 서울시 주거지 유형구분 및 관리방안 구분과정

이와 같은 서울시의 주거지 유형화 및 관리 방식의 특징을 한 마디로 정리하면 사업을 전제한, 사업을 지향하는 방식이라고 할 수 있다. 문제점을 지적하자면 첫째, 주거지 관리의 도시계획 수단인 용도지역과 정비기본계획상의 주거지 유형 분류상의 불일치로 용도지역이 중요한 주거지유형 분류기준이 아니라는 점이다. 둘째, 주거지유형 구분의 기준이 불량, 노후, 양호, 기반시설, 주택유형 등 물리적인 기준에 초점이 맞추어져 있다는 점, 셋째, 주거지유형별 관리 목표 및 비전 설정 없으며 이에 따라 구체적인 관리방안이 부재하며 이러한 특

성으로 인해 현재의 주거지정비방식인 재개발, 재건축, 주거환경과 도시계획시설 사업에 기반을 둔 주거지 관리방안을 도입하고 있다는 점을 지적할 수 있다.

일반주거지역 세분화가 시행된 지 10년이 되지 않은 현재, 서울시도 주거지역 세분화만으로 주거지 관리에 한계에 있음을 인식하고 있다. 이에 따라 주거지 관리방안의 새로운 방안을 모색하고 있다. 기존의 재개발, 재건축 사업에 의한 주거지 정비 및 관리방식의 대안으로 단독주택지의 가구단위 주거지 정비 및 관리 방안 연구(서울시정개발연구원, 2003b; 서울시정개발연구원, 2006)가 진행되었다. 가구단위 주거지 정비방식은 기존 가구 및 도로체계를 유지하면서 기반시설을 정비하고, 가구단위로 공동시설을 공급하여 주거환경의 질을 높일 수 있으며, 점진적 정비로 주민의 지속적 주거가 가능한 것으로 보고 있다. 또한 서울시정개발원(2009)이 서울의 주거지를 도시형태에 따라 유형화하고 유형별 건물, 필지, 도로의 변화를 분석하고 유형별 정비방안을 제시하였다.

3. 주거지 경관 규제의 특성

주거지 개발 규제를 경관요소의 관점에서 보면 건물, 필지, 도로, 오픈스페이스 관련 규제로 구분할 수 있다. 경관요소별 규제는 경관요소의 성격을 고려하여 규모, 형태, 다른 경관요소와의 관계 등에 대한 일반적이고 최소한의 조건을 규정하는 방식이다. 우리나라에서는 주거지 경관요소들을 하나의 단일한 법제에 의해 규제하는 것이 아

〈표 4-4〉 주택 관련 법제 경관요소 규제방식

주택 관련 법제	주요 특성
국토의 계획 및 이용에 관한 법률	■ 용도지역지구제 기반 ■ 지역, 지구에 대한 집단규정 ■ 토지이용 강도 규정(건폐율, 용적률) ■ 대지규모에 따라 건물 연동
건축법	■ 필지별 건축물 규제 ■ 다른 경관요소와의 관계에 기반하여 규제(인접대지, 도로)
주택법	■ 주택과 주택단지 관점에서 규제(주택규모 등) ■ 단지 내 경관요소 규제(주택건설기준에 관한 규정)
도시 및 주거환경 정비법	■ 주거지 정비사업별 규제 ■ '국토의 계획 및 이용에 관한 법률'과 주택법의 중간적 성격
건축심의 및 지침	■ 부가적 규제 ■ 기본법제에서 제어할 수 없는 내용 규제
특정요소 규제	■ 도로(도시계획시설기준) ■ 주차장(주차장 조례) ■ 오픈스페이스(공원, 녹지)

니라 <표 4-4>와 같이 다양한 주택 관련 법제에 의해 규제하고 있다. 따라서 규제의 방식과 내용에서 차이가 나타난다.

　간략하게 주택 관련 법제의 경관요소 규제방식을 정리하자면 첫째, 도시계획에서 규정한 용도지역지구제, 즉 대지의 용도지역 규정에 의해 지역, 지구에 대한 집단규정을 적용하는 방식으로 필지(대지)의 규모에 따라 토지이용 강도, 즉 밀도를 규제하는 방식이다. 대표적으로는 건폐율과 용적률이 있다. 따라서 대지규모에 따라 건물규모가 연동된다. 또한 용도지역, 지구 외에 지구단위계획구역 지정을 통해 규제하는 방식 등이 있다.

　둘째, 건축법에 의해 필지별 개별 건축물을 규제하는 방식이다. 건축법은 용도지역지구에 기반해 건물의 건폐율과 용적률을 규제하고 다른 경관요소인 인접 대지, 도로와의 관계 하에서 규제하거나 대지

자체의 기준에 기반해 건축물을 규제하고 있다. 일반주거지역에서 인접대지와의 일조권사선제한, 도로폭에 따른 도로사선제한 등이 다른 경관요소와의 관계에 기반한 규제라 할 수 있고, 대지 면적에 따라 대지의 조경면적 등을 규제하고 있다.

셋째, 주택법에 의해 주택단지 내 경관요소를 규제하는 방식이 있다. 개별 건물이 아닌 주택과 주택단지의 관점에서 규제하는 방식으로 '주택건설 기준에 의한 규정'에 의해 주택단지 내 경관요소들을 규제한다.

넷째, '도시 및 주거환경 정비법'에 의해 재개발사업, 재건축사업, 주거환경개선사업 등 주거지 정비사업별로 규제하는 방식이 있다. 규제의 성격을 보면 '국토의 계획 및 이용에 관한 법률'과 주택법의 중간적 성격을 띠고 있어 정비사업별 주택의 규모, 비율, 용적률 완화 등의 규정을 담고 있다.

다섯째, 심의나 지침 등에 의해 부가적으로 규제하는 방식이 있다. 도시계획 및 건축관련 법규 등 기존 법제에서 규제할 수 없는 내용을 추가적으로 규제하는 방식으로 80, 90년대 '다가구, 다세대 건축허가 심의'나 90년대 이후의 '공동주택 관련 심의' 등과 대형건축물에 적용되는 건축심의 등이 이에 해당한다.

여섯째, 특정 경관요소만을 관련 법규를 통해 규제하는 방식이 있다. 도로 등을 규제하는 도시계획시설 기준, 주차장을 규제하는 주차장조례, 도시규모 스케일에서 공원녹지 등을 규제하는 '도시공원 및 녹지 등에 관한 법률'에 의한 규제가 있다.

경관요소별 규제는 크게 내용상 <표 4-5>와 같이 두 가지 방식으로 분류할 수 있다. 학술적으로 개념화된 분류라기보다 규제의 특성을 이해하기 위해 이 책에서 규정한 방식이다.

〈표 4-5〉 주거지 경관요소 규제의 방식

규제방식	특성
범용적 규제	■ 주택유형별 구분 없이 모든 주택유형에 적용되는 규제 ■ 용도지역지구와 건축법에 기반하여 규제
주택유형별 규제	■ 다가구, 다세대, 아파트, 주상복합 등 주택유형별로 규제 ■ 경관요소 규제를 차등화하는 방식

우선 범용적 규제는 주로 용도지역지구와 건축법에 기반하여 규제하는 방식으로 건물, 필지, 도로, 오픈스페이스 등 주거지 경관요소를 주택유형별 구분 없이 규제하는 방식이다. 다른 하나인 주택유형별 규제는 다가구, 다세대, 아파트, 주상복합 등 주택유형별로 경관요소에 대한 적용기준을 차등을 두어 적용하는 방식이다. 이 방식은 주로 특정 주택유형의 공급 조절을 위해 활용하였다고 볼 수 있다. 건축법 내의 다가구, 다세대주택 규제나 주택법 내의 아파트, 주상복합 규제 '도시 및 주거환경 정비법' 내의 아파트 규제가 대표적이라 할 수 있다.

주택 관련 법제의 경관요소 규제를 범용적 규제와 주택유형별 규제로 요약하자면, '국토의 계획 및 이용에 관한 법률'은 건폐율, 용적률을 기반으로 한 범용적인 규제중심으로 구성되어 있으며 예외적으로 서울시의 경우 도시계획조례에서 2종 일반주거지역 내 아파트에 대한 평균층수제를 적용하고 있다. 건축법은 주로 필지단위로 적용되는 범용적인 규제와 용도지역과 주택유형별로 차등화된 규제가 동시에 적용하고 있다. 주택법은 주로 아파트와 주상복합을 대상으로 하고 있으며 '도시 및 주거환경 정비법', 심의, 지침 등은 아파트를 대상으로 한 규제가 중심이라고 할 수 있다.

경관요소의 규제를 관련 법규 측면에서 보면 건물 규제는 주택 관련 법제에서 전반에서 이루어지고 있다. 필지, 도로, 오픈스페이스는 건축법과 주택법에서 주로 규제하고 있으며 '도시 및 주거환경 정비법', 심의, 요소 규제를 통해 이를 보완하고 있다. 주택 관련 법제별로 범용적 기준과 주택유형별 경관요소 규제를 살펴보면 <표 4-6>과 같다.

〈표 4-6〉 주택 관련 법제의 경관요소 규제방식과 내용

주택 관련 법제	범용적 규제	주택유형별 규제	
'국토의 계획 및 이용에 관한 법률'	■ 건폐율, 용적률	아파트	■ 일반주거지역 종별 층수제한 (평균층수)
건축법	■ 건축면적, 높이, 층수 산정 ■ 도로사선 규제 (가로구역별 높이제한) ■ 일조 높이 규제 (주거지역 적용) ■ 건축선 ■ 대지의 분할제한 ■ 도로규정, 도로폭 ■ 대지의 조경	다가구, 다세대	■ 연면적 및 세대수 규제 ■ 주택유형별 층수규제 ■ 대지 안의 공지
		아파트	■ 인동거리 규제(주거지역 적용) ■ 대지 안의 공지
		주상복합	■ 대지 안의 공지 ■ 공개공지 (비주거시설 연면적기준)
- 주택법 - 주택건설규정	-	아파트	■ 주택규모 및 건설 비율 ■ 연면적 및 세대수 규제 (사업계획승인) ■ 단지진입도로, 단지 내 도로 ■ 대지의 조경(조경시설) ■ 놀이터, 주민운동시설 ■ 주차장 ■ 소음, 도로, 주차장에서 이격거리
		주상복합	■ 연면적 및 세대수 규제 (사업계획승인) ■ 대지의 조경(조경시설) ■ 놀이터 ■ 주차장
'도시 및 주거환경정비법'	-	아파트	■ 주택규모 및 건설비율 ■ 용적률 완화 ■ 정비구역지정요건
건축심의, 지침	-	아파트	■ 입면적, 입면차폐도(지표적 심의) ■ 건물배치 규제(유도적 심의) ■ 옥외생활공간
특정요소 규제	■ 도로규정 (도시계획시설기준)	■ 주차장(주차장조례) - 주택유형별로 기준 상이	

건물 규제의 방식과 내용

　주거지 경관에 있어서 가장 시각적 영향이 큰 건물의 경우 '국토의 계획 및 이용에 관한 법률'과 건축법 내 규제와 주택법의 관점에서 접근한 주택 규제로 이원화되어 있다. 건물은 기본적으로 용도지역지구제의 용적률, 건폐율의 규정을 적용받는다. 그 후 필지조건에 따라 도로사선, 일조권 사선제한, 인동거리 규제 등을 적용받고 주택법에 의해 주택 규모 규제를 적용받는다. 부가적인 규제를 통해 경관의 관점에서 건물의 높이나 규모를 제한하지만, 이는 건물의 폭이나 형태에는 영향을 끼치지만 전반적인 건물 규제로는 한계가 있다. 건물 규제는 크게 높이, 층수, 규모, 배치 규제로 구분된다. 우리나라의 건물 규제는 주택유형별로 차등화되는데 범용적 규제를 우선 적용하고 주택유형별 규제를 추가 적용하는 방식이 사용된다. 이때 주택유형에 따라 규제를 완화하기도 한다.

1. 건물 높이 및 층수 규제

건축물의 높이 규제는 일조, 통풍, 개방감 등 주거 환경 보호를 위해 출발하였다. 높이 규제는 건축물의 규모와 층수에 영향을 주고 간접적으로 밀도 규제의 역할도 함께 한다. 층수 규제는 현재 주택유형별로 규정하고 있다. 다가구, 다세대주택은 4층 이하, 아파트는 5층 이상으로서 주택의 구분과 동시에 층수 규제를 하고 있다. 서울시의 경우 2006년에 2종 일반주거지역에 한하여 평균층수를 도입하여 아파트 층수를 직접적으로 규제하고 있다.

도시지역 내 건물은 일반적으로 용적률과 도로사선제한에 의해 높이가 결정된다. 따라서 상업지역 내에 입지하는 주상복합의 경우 용적률 제한과 도로사선제한 적용을 받는다. 다가구, 다세대주택과 아파트는 주거지역에 적용되는 건축법 내 높이 및 층수 규제를 추가 적용받는다. 다가구, 다세대 주택의 경우는 일조권 사선제한과 주택유형별 층수 규제를 적용받고 아파트는 일조권사선제한, 인동거리 규제, 심의에 의한 규제를 적용받는다. 현행 국내 주택 관련 법제 내 건축물의 높이 및 층수 규제는 <표 5-1>과 같이 다양한 방식으로 이루어지고 있다.

〈표 5-1〉 주택의 높이 및 층수 규제 방식

높이 및 층수 규제	규제 방식	특성	관련 근거법
용적률	대지면적에 비례하는 밀도규제	용도지역지구에 따른 규제	'국토의 계획 및 이용에 관한 법률' 제78조, 도시계획조례 제55조 (용도지역 안에서의 용적률)
도로사선제한 (가로구역별 규제)	도로폭에 따른 일률적 규제(1:1.5)	− 필지 단위 규제 − 도로폭, 대지규모에 의해 가변적	건축법 제60조, 시행령 제82조(건축물의 높이제한)

일조권사선제한 (일조높이 규제)	주거지역 내 건물의 일조권 확보를 위한 인접대지 경계선에서의 이격거리 제한	- 용도지역에 따른 규제 (주거지역 적용) - 필지 단위 규제 - 다가구, 다세대, 아파트만 해당 - 인접대지와의 관계에 따라 가변적	건축법 제61조, 시행령 제86조, 건축조례 제29조(일조 등의 확보를 위한 건축물의 높이제한-주거지역 적용)
인동거리 규제	대향하는 건축물 사이의 거리에 따라 건축물의 높이를 규제	- 용도지역에 따른 규제 (주거지역 적용) - 아파트만 해당 - 건축물 상호 간 수평거리에 의해 건축물 높이가 결정	건축법 시행령 제86조 (일조 등의 확보를 위한 건축물의 높이제한-주거지역 적용)
주택유형별 층수 규제	주택유형 분류를 위한 기준이나 다가구·다세대주택의 층수 규제 역할	- 필지 단위 규제 - 다가구, 다세대 주택에 해당	건축법 시행령 제3조의4 (용도별 건축물의 종류)(별표1) (다가구, 다세대 4개 층 이하)
입면적, 입면차폐도 규제	건축물의 형태 및 층수를 지표적 심의 기준을 이용해 규제	- 심의에 의한 규제 - 아파트만 해당	서울시공동주택건축심의에관한규칙 제6조(입면적), 제7조(입면차폐도), 제13조(건축물의 형태 및 층수)
절대높이 제한	건축물의 절대고도를 규제	- 지역지구에 따른 규제 - 전용주거지역(8m) - 용도지구(고도지구)	
일반주거지역 종별 층수제한 (평균층수)	2종 일반주거지역 층수 제한 (7, 12층)	- 2종 일반주거지역에 적용 - 아파트만 해당	도시계획조례 제28조 (2종 일반주거지역 안에서 건축할 수 있는 건축물)(심의에 의한 규제)

1) 용적률 규제

용적률은 건축물의 토지이용강도, 즉 밀도 규제를 통해 건물의 규모나 높이에 영향을 끼치는 제도이다. 대지면적에 비례하기 때문에 대지면적이 커질수록 연면적이 증가하고 건물의 규모와 높이가 증가한다. 용적률은 1962년 제정 당시 건축법에서 규정하였으나 2000년 도시계획법으로 이관되면서 현재는 '국토의 계획 및 이용에 관한 법률'에서 규정하고 있다. 서울시는 도시계획조례에서 종세분화에 따른 용적률을 적용하고 있다.

1962년 건축법 제정 당시 주거지역 높이는 20m 이하로 규제되었다. 1972년 주거지역의 절대높이제한을 폐지하고 용적률을 통하여 주택의 규모와 높이를 규제하기 시작하였다. 1970년대에는 강남·북의 용적률을 차등적용하거나 아파트지구 조례를 통해 아파트의 용적률은 별도로 규정하기도 하였다. 1980년 건축법 조례 제정 이후 용적률은 지속적으로 완화하였는데 1990년에는 200만 호 주택건설 정책에 의해 용적률이 400%까지 완화되었다. 1993년 일반주거지역 종세분화 이후 용적률은 강화되는 추세를 보이고 있으며 2001년 이후부터는 250% 이하로 강화된 용적률이 적용되고 있다.

〈표 5-2〉 서울시 일반주거지역 용적률 규제의 변화

시기	규제내용	근거
1962. 1.	주거지역 20m	건축법 제40조
1972. 1.	주거지역 300%(용적률 도입)	건축법 제2조
1972. 12.	주거지역 500%	건축법 제40조
1973. 9.	주거지역 300%	건축법 시행령 제160조
1976. 4.	강북 250%, 강남, 여의도 300%	건축법 시행령 제160조
1977. 7.	아파트 200%, 연립 100%	서울시아파트지구 건축조례
1978. 10.	주거지역 200%	건축법 시행령
1979. 3.	재개발 아파트 180%	시장방침 제14호
1981. 8.	서울시 건축조례 제정	
1983. 5.	강북주거지역 250%, 강남주거지역 300%	서울시건축조례 별표1
1985. 10.	주거지역 250%	서울시건축조례
1990. 6.	주거지역 300%	서울시건축조례 별표2
1990. 11.	주거지역 400%	서울시건축조례 별표2
1992. 9.	주거지역 300%	서울시건축조례 별표2
1992	일반주거지역 종세분화(2003 이후 시행)	
1993. 4.	1종 일반 200%, 2종 일반 300%, 3종 일반 400%(미세분화 시 2종)	서울시건축조례 제28조
1998. 4.	주거지역 300%	서울시건축조례
2000. 7.	1종 일반 150%, 2종 일반 200%, 3종 일반 250%	도시계획조례 제56조

주상복합이 입지할 수 있는 상업지역의 용적률은 1976년 도입 이래 최대 1,000% 이하로 규정하고 있으며 상업지역 종별, 강남·북에 따라 차등 적용되어 왔다. 2000년 도시계획조례에서 사대문안과 사대문 외 용적률을 중심, 일반, 근린, 유통상업지역별로 규정하고 있다. 도시계획조례 제정 당시 상업지역 내 주거기능 위주의 주상복합건물 건립을 억제하기 위해 주거비율에 따라 용적률을 차등 적용하는 용도용적제(2000년 7월)를 도입하여 적용하고 있다. 용적률 규제의 변천을 정리하면 <표 5-3>과 같다.

<표 5-3> 서울시 상업지역 용적률 변화

연도	용도지역	용적률
1976. 4.	상업지역	1,000%
1976. 5.	상업지역	강남 1,000%(강북: 900%)
1990. 6.	중심상업지역	900%
	일반상업지역	강남 900%(강북: 1,000%)
	근린상업지역	강남 1,000%(강북: 900%)
1993. 6.	중심상업지역	1,200%
	일반상업지역	1,000%
	근린상업지역	강남 800%(강북: 1,000%)
2000. 7.	중심상업지역	1,000%(4대문 안: 800%)
	일반상업지역	800%(4대문 안: 600%)
	근린상업지역	600%(4대문 안: 500%)
	유통상업지역	600%(4대문 안: 500%)

2) 도로사선제한 규제

도로사선제한은 건물의 높이를 대지 전면 도로폭에 따라 제한하는 것이다. 1962년 건축법 제정 이후 전면도로 반대쪽 경계선까지 거리의 1.5배 이하로 건물의 높이를 제한하였다. 이 규정은 1999년 건축법

개정 전까지 적용되었다. 도로사선제한 규제의 변천을 정리하면 <표
5-4>와 같다.

<표 5-4> 도로사선제한 규제의 변화

연도	개정 내용
1962. 1.	주거지역 20m(기타35m) / 도로폭 1.5배+8m 이내
1962. 4.	2개 이상의 전면도로가 있는 경우 넓은 도로를 전면도로로 산정
1967	도로폭 1.5배+8m 이내
1970. 1.	도로폭 1.5배 이내
1978. 10.	− 2개 이상의 전면도로가 있는 경우 넓은 도로를 전면도로로 산정 − 단, 대지와 12m 이상 접하고 그 접한 길이가 대지둘레의 1/6 이상에 해당하는 경우의 도로
1989. 11.	− 2개 이상의 전면도로가 있는 경우 넓은 도로를 전면도로로 산정(단서조항 삭제) − 16층 이상의 공동주택인 경우 전면도로 반대편 경계선까지의 수평거리의 1.8배 이하
1992	− 높이완화구역: 1.5~3배 이하(상업지역, 도심재개발구역) − 공개공간 및 공개공지 제공 시: 1.2배 이하
1999. 2.	− 가로구역 단위 높이 규제 − 최고높이가 지정되지 않은 경우 도로폭 1.5배 이내

　　도로사선제한은 용도지역이나 용도지구와 관계없이 개별 필지 단
위로 적용되는 일률적 기준이다. 따라서 국지적인 지역 특성을 반영
한 도시 관리에 어려움이 있다. 또한 전면도로의 폭과 대지규모에 비
례하는 상대적 높이 기준이기 때문에 도로의 폭이 넓거나, 합필 등에
따라 대지규모가 커지거나, 전면도로경계선으로부터 후퇴할수록 허
용 높이가 높아진다. 또한 도로사선제한 적용 시 전면도로의 반대편
에 공원, 광장 등이 있는 경우에는 이를 도로의 폭에 포함하고 있다.
이로 인해 공공용지(공원, 광장)의 반대쪽에서부터 건축물 높이를 산
정하게 된다. 따라서 도로사선제한의 기본 취지와 달리 건축물의 높
이는 도로, 공원, 하천 등의 너비에 따라 결정되는 맹점을 가지고 있

다. 도로폭이 넓거나 공원, 하천 등이 인접하는 등 단순히 필지의 물리적 입지조건만으로 고층화가 가능하며 여기에 무계획적인 높이완화가 병행되면 고층화가 이루어질 수 있다. 이러한 문제를 개선하기 위해 1999년 가로구역별 높이제한을 도입하였으나 아직 가로구역으로 지정되지 않은 지역은 기존의 도로사선제한을 적용받고 있다. 가로구역은 최근 간선가로변을 중심으로 지정되고 있는 추세이다.

상업지역도 주거지역과 동일한 도로사선제한을 적용받아 1:1.5를 유지하면서 1980년대까지 지속되었다. 그러나 고층건물에 대한 수요가 높아지면서 1992년에는 높이제한완화구역을 통한 높이제한완화(1:1.5~3), 공개공지 등의 제공에 대한 인센티브로서의 완화(1.2배 완화) 등의 기준이 마련되면서 상업지역의 경우에는 상당부분 도로사선제한이 완화되었다. 1992년 도입된 높이제한완화구역은 1993년과 1994년에 집중적으로 지정되어 상업지역 건물의 높이 완화책으로 활용되었다. 이러한 문제로 인해 1998년 완화 조건이 강화되었고 1999년 가로구역별 높이제한 도입 당시 폐지되었다.

3) 일조권 사선제한

일조 높이 규제 통상 일조권 사선제한이라고 하는 규제는 주택 층수가 증가하면서 일조권이 침해되자 도입되었다. 인접대지의 일조권을 보장하기 위하여 1971년 건축법 시행령에서 정북방향과 기타 방향(채광방향)에 있어서 대지경계선으로부터 주택의 높이 기준을 마련하였다. 일조권 사선제한은 정북방향에 인접한 대지와의 이격거리를 규정하는 것이다. 정북방향에 대한 대지의 각도와 인접 대지경계선의 길이, 그리고 대지가 정남방향으로 얼마나 깊이 있는가에 의해 그 규제의 강도가 정해진다. 따라서 면적이 작은 대지, 좁은 도로에 접한 대지, 북측 경계선의 길이가 긴 대지는 도로사선제한보다 일조권사선제한의 영향을 더 받는 것으로 나타난다. 일조권 사선제한은 대지의 건축가능공간을 강하게 제한함으로써 개발용적에 영향을 미치는 규제라고 할 수 있다.

일조 높이 규제는 지속적으로 변화하여 왔으며 현재는 높이 4m 이하는 1m, 8m 이하는 2m, 8m 이상은 건물높이의 1/2 이상을 인접대지에서 이격해야 한다. 건축물의 미관을 고려하여 20m 이상의 도로에 접할 경우는 이 규정을 적용하지 않는다.

일조 높이 규제는 일반주거지역에서만 적용되는 규제로 주택유형의 관점에서 보면 단독, 다가구, 다세대주택, 아파트 등 주거지역에서 건축 가능한 주택에 대한 규제이다. 따라서 상업지역이나 준주거지역에서 지어지는 주상복합은 적용되지 않고 있다. 모든 주택에 적용되는 규제라기보다는 주거지역 내 주택에만 적용되는 규제라고 할 수 있다.

일조 높이 규제는 주택유형별로 차등하는 방식으로 완화, 강화를 반복하며 변화하였다. 초기 정북방향과 기타방향으로 규정하였으나 1980년 공동주택을 제외한 단독주택에는 인접대지의 일영과 공간 확보를 고려하여 정북방향 규제만 적용시키도록 기준을 개정하였다. 다세대주택의 경우는 공동주택임에도 불구하고 기타방향에 있어서 1985년부터 1992년까지는 기준을 적용하지 아니하였다. 그러나 1992년 개정에서 다른 아파트와 동일한 기준을 적용하여 강화하였으나 1999년 개정에서 다시 제외하였다. 1999년 개정은 다세대주택의 경우 용도변경의 신고제 전환 취지를 살려 다세대주택의 일조 기준을 다

<표 5-5> 일조 및 인접대지 관련 높이제한 규제의 변화

연도	주거지역 (인접대지 경계선으로부터 주택의 높이)
1971. 12	– H≤1.5D + 8m(진북방향) – H≤1.5D + 17m(기타방향)
1976. 4.	– 건물높이 8m 초과: H≤2D(정남 및 정북) – 건물높이 8m 이하: 8m H≤4D(정북)
1977. 11.	– H≤1.5D + 12m(기타방향)
1980. 11.	– 건물높이 8m 초과: H≤2D(정북) – 건물높이 8m 이하: H≤4D(정북) – 공동주택 H≤2D(기타방향: 채광을 위한 창문이 향하는 방향으로 인접대지 경계선에서 수평거리의 2배 이하) – 정남방향 사선제한 폐지
1985. 8.	– 공동주택에서 다세대주택 제외(1992년까지 제외) – 인접대지경계선에서 수평거리의 2배 이하. 단, 폭 20m 이상인 도로에 접한 인접대지 상호 간의 경우 대지가 도로에 6m 이상 접한 경우 높이제한 없음.
1989. 7.	– 채광을 위한 창문이 향하는 방향으로 인접대지 경계선에서 수평거리의 2배 이하 – 단, 16층 이상인 건축물의 각 부분은 2.5배 이하
1992. 5.	(정북방향) 1층 H≤4m D≥1m, 2층 H≤8m D≥2m, 3층 이상 H≤ 4D (기타방향) 공동주택 H≤4D
1993. 4.	(기타방향) 공동주택 H≤2D(도로중심선으로부터 3D)
1995. 1.	(기타방향)공동주택 H≤2D 0.5m² 이하 환기창 제외(도로중심선으로부터 3D, 2층 이하 다세대 4D)
1999. 4.	(정북방향) H≤4m D≥1m, H≤8m D≥2m, H>8m H≤2D (기타방향) 공동주택 H≤4D(공동주택에서 다세대주택 제외)
2005. 7.	(기타방향) 공동주택 H≤2D
2007. 2.	(기타방향) 다세대주택은 인접대지 경계선 이격거리를 1m 이상(조례 위임)

* B.H: 건축물 높이. H: 건축물 각 부분의 높이. D: 각 부분으로부터 인접대지경계선까지의 수평거리

가구주택과 통일하기 위하여 채광창이 있는 벽면의 이격거리 규정을 적용하지 않도록 개정하였다(건설교통부, 1999, p.73).

4) 인동거리 규제

인동거리에 의한 높이 제한은 공동주택 단지에서 대향하는 건축물 사이의 거리에 따라 건축물의 높이를 규제하는 방식이다. 따라서 주

거지역내 아파트에만 적용되는 규제로 볼 수 있다. 건축물 상호 간 수평거리에 의해 건축물 높이가 결정되므로 아파트 단지 내 층수 규제의 역할을 한다. 1972년 건축법 개정에서 동일 대지 내 2동 이상의 건축물이 있는 경우 주방향 개념이 도입되어 건축물 상호 간 높이에 따른 인동거리 규제개념이 도입되었다. 1973년 건물높이와 인동거리의 비율은 1:1의 관계에서 출발하였다. 이후 부속시설 및 부대복리시설의 경우 완화, 부분적으로 겹칠 경우의 완화, 돌출부분 완화, 부개구부와 측벽이 겹칠 경우 완화, 16층 이상 탑상형 건축물의 경우 완화, 남향에 낮은 건물이 설치될 경우 완화 등을 거쳐 1992년에 건물높이는 인동거리의 1.25배까지로 완화되었다(공동주택연구회, 전게서, p.269).

<표 5-6>과 같이 1972년 도입 이후 지속적으로 완화되어 왔고 93년 1:1로 다시 강화되었지만 99년 0.8배로 완화되었다. 2005년 1:1로 다시 강화되어 현재에 이르고 있다. 이처럼 인동거리 규제는 1972년 도입 이후 완화와 강화를 반복하는 대표적인 규정이다. 그 원인은 인동거리 규제가 일조, 채광, 통풍 등 주거환경 보호 관점보다는 아파트 단지 내 주거동 배치를 늘려 최대 용적률을 확보할 수 있는 수단으로 이용되기 때문이다.

일조권에 관한 기존 연구(대한주택공사, 1987b)에 의하면 인동거리를 건물높이의 1배로 하고 정남향 평행배치를 할 경우 건물면적의 35%가 동지 시 햇빛을 전혀 못 받는 것으로 나타났다. 이는 인동거리 1h인 현행 법규가 실제 일조확보에 있어서 효과적이 못하다는 것을 보여 준다. 인동거리에 의한 높이규제는 동일 대지 내에서 건축물이 마주 보게 됨으로써 발생할 수 있는 일조, 통풍, 채광을 고려한 높이 규제방식이다. 건물 간 인동거리의 규제는 기본적으로 일정 수준의

〈표 5-6〉 인동간격 규제 완화과정

연도	내용
1973	- 마주보는 아파트까지의 수평거리 이하(1:1)
1978	- 공동주택 등에 부속되는 건축물로서 그 높이를 다른 건축물과의 거리 이하로 하는 경우 예외 인정
1985	- 높이가 다른 건축물의 외벽까지의 수평거리 이하인 부속건축물 또는 부대복리 시설인 건축물의 경우 예외 인정
1986	- 높은 건축물의 층수가 12층 이상인 경우로서 건축물의 서로 겹치는 부분의 길이가 측벽폭 이하이고, 그 사이의 수평거리가 낮은 건축물의 높이 이상인 경우 예외 인정
1989	- 인동거리 산정 시 주거동의 돌출부분 완화 - 부개구부와 인접건축물의 측벽이 겹칠 경우 이격거리 완화
1989	- 16층 이상인 탑상형 건축물의 이격거리 완화(0.8배) - 남향방향의 건축물이 낮은 경우 낮은 건축물의 높이만큼만 이격하도록 완화 - 초고층 아파트의 경우 인접대지경계선까지의 이격거리 완화(16층 이상인 건축물에 있어서는 당해 건축물의 15층 이하의 각 부분은 수평거리의 2배, 16층 이상의 각 부분은 2.5배) - 2동 이상의 건축물을 건축하는 경우에는 당해 대지내의 모든 세대가 동지일 기준으로 9시에서 15시 사이에 2시간 이상 연속하여 일조를 확보할 수 있다고 인정되는 높이 이하인 경우 예외 인정(성능기준 도입)
1992	- 건물높이를 인동거리의 1.25배 이하로 완화, 그리고 당해 대지 안의 모든 세대가 동지일 기준으로 9시에서 15시 사이에 건축조례가 정하는 시간 이상을 연속하여 일조를 확보할 수 있는 높이 이하 범위 안에서 건축조례로 정하도록 한다.
1993	- 인동거리는 건물높이의 1배 이상. 단, 서로 마주 보는 건축물 중 남쪽방향의 건축물이 낮은 경우에는 건축물 사이의 수평거리가 낮은 건축물의 높이 이상으로 할 수 있다.
1994	- 단, 서로 마주보는 건축물중 남쪽방향의 건축물이 낮고, 주개구부방향이 남쪽을 향하는 경우에는 건축물 사이의 수평거리가 낮은 건축물의 높이 이상으로 할 수 있다.
1996	- 단, 서로 마주 보는 건축물중 남쪽방향(마주 보는 2동의 축이 남동에서 남서 방향에 한한다)의 건축물이 낮고, 주개구부(거실과 주침실이 있는 부분의 개구부를 말한다)방향이 남쪽을 향하는 경우에는 건축물 사이의 수평거리가 낮은 건축물의 높이 이상으로 할 수 있다.
1999	- 정남방향 건축물 높이의 0.8배 이상(다만, 당해 대지안의 모든 세대가 동지일을 기준으로 9시에서 15시 사이에 2시간 이상을 계속하여 일조를 확보할 수 있는 거리이상으로 할 수 있다.) - 채광창이 없는 벽면과 측벽이 마주 보는 경우에는 8m 이상 - 측벽과 측벽이 마주 보는 경우에는 4m 이상
2005	- 인동거리는 건축물 높이의 1배 이상

이격거리를 확보하여 일조권을 확보하고 이와 더불어 적절한 옥외공간을 확보하는 것이 목적이다. 따라서 인동거리가 축소되면 일조권의 침해와 옥외공간이 축소될 수밖에 없다. 또한 인동거리 규정의 적용은 아파트 단지 배치 시 동일한 층수의 건물을 평형배치하게 유도하는 가장 대표적인 규정이라고 할 수 있다. 이러한 평행배치를 한 주

거단지는 오픈스페이스의 구성이 무미건조해지고 다양한 옥외공간 구성에도 제약을 주는 결과를 초래하고 있다.

5) 주택유형별 층수 규제

주택유형별 층수 규제는 주택유형별로 층수를 차등화하여 규제하는 방식으로 주로 다가구, 다세대주택에 적용되고 있다. 국내 주택 관련 법제상 주택의 층수는 주택의 유형을 구분하는 기준으로 적용되는데 다가구, 다세대주택 관점에서 보면 규제로 적용된다. 아파트의 경우는 5층 이상으로 규정하여 실질적으로 규제적인 성격은 없다. 최근 서울시에서는 제1종 지구단위계획구역 및 '도시 및 주거환경 정비법'에 의한 정비구역 안의 제2종 일반주거지역에서 아파트 건설 시에는 평균층수 개념을 적용하여 아파트의 층수 규제를 하고 있다.

다세대주택은 1985년 도입 당시 건축법 시행령상 3층으로 규정되었으나 서울시에서는 인접대지 민원을 고려하여 '다세대주택 허가지침'을 통하여 2층으로 규제를 강화하였다. 이후 1990년 다가구주택 도입과 함께 다세대주택은 4층으로 완화되었으며 2000년 필로티를 설치할 경우 층수 완화가 가능하도록 개정됨으로써 현재 다세대주택은 5층의 층수 규제가 적용되고 있다. 다가구주택은 1990년 도입 당시부터 건설교통부 지침과 서울시 다가구용 단독주택의 건축기준에 3층 이하로 규정하고 지상 1층을 주차장으로 사용하는 경우에 4층을 허용하도록 규정하였다(건설교통부, 1996, p.427). 1996년에는 서울시 '다가구 주택 심의 기준'을 통하여 대지 경계선 반경 30m 이내 지역 건축물의 평균 층수 이하로 규정함으로써 실질적으로 2층 이하로 층수를 제한하는 효과를 가지게 되었다. 이후 2000년 건축법 개정을 통하여 3개 층 이하로 규정함으로써 1층 필로티 주차장을 설치할 경우 4층 다가구주택의 신축이 가능하도록 개정되었다. 다가구, 다세대 주택 층수 규제에 있어서 건축 억제 효과가 컸던 것은 평균층수제 도입에 의한 규제라고 할 수 있다. 86년에는 다세대주택, 96년에는 다가구주택의 층수 규제에 활용된 주변 지역 층수와 연계된 평균층수제는 전술한 바와 같이 주택유형의 변화에 영향을 주었으며 층수 규제 효과가 컸다.

아파트에 적용되는 주택유형별 층수 규제는 1970년대 아파트지구 조례 내에 저층아파트(5층 이하)와 고층아파트(6층 이상)에 대한 규정이 있었지만 아파트지구에만 적용되는 규정이었다. 서울시에서는 아파트 층수를 12층으로 제한하는 건축심의기준을 75년 5월 제정하

<표 5-7> 다가구, 다세대 주택유형별 층수 규제 변화

시기	다가구	다세대	근거법제
1984. 12.		3층 이하	건축법 시행령
1986. 8. 16.		2층 이하(심의 시 3층)	다세대주택 건축허가처리지침
1990. 3. 6.	4층(1층이 주차장일 경우)		건교부 건축기준
1990. 4. 21.	4층(1층이 주차장일 경우)		서울시 기준
1990. 4. 27.		4층 이하	서울시 건축허가 처리지침
1990. 7.		4층 이하	건축법 시행령 별표1
1990. 7. 16.		4층 이하	주택건설촉진법 시행령 제2조
1996. 6. 11.	2층(대지반경 30m 이내 지역 건축물의 평균층수 이하)		서울시 심의기준
2000. 6.	4층(1층 필로티 제외)	5층(1층 필로티 제외, 4개 층 이하)	건축법 시행령 별표1

였다가 77년 4월에 삭제하였다. 1977년 이후 아파트에 대한 층수 규제는 실질적으로 없어졌으나 다시 부활하여 2종 일반주거지역 층수 제한(7층, 12층)과 평균층수제도가 적용되고 있다. 현재 아파트 층수는 5개 층 이상으로 적용받고 있다.

또 하나의 주택유형별 층수 규제 방식으로는 층수 산정기준의 완화가 있다. 이는 건물의 층수산정 기준을 완화시켜 실질적으로 건물의 층수 증대효과를 내는 방식이다. 이 규정은 건축법 내의 층수 산정 기준 자체를 완화시켜 시행되고 있는데 주로 다가구, 다세대주택에 영향을 주었다. 1973년에는 지하층을 층수산정에서 제외하였고 1985년에는 지하층 기준 완화를 통해 지하층 다세대 주택이 발생하게 하였다. 2000년에는 필로티를 층수 및 높이에서 제외시켜 실질적으로 다가구, 다세대, 아파트 등의 건물 층수를 1개 층 높이는 효과를 가져왔다. 이 조치가 비록 단독주택지역 내 주차장 확보를 위한 완화책이었지만 실질적으로 주택의 층수를 높이는 결과를 가져왔다.

<표 5-8> 층수산정 기준의 변화

시기	내용
1962. 4.	옥탑 높이 제외(옥탑면적합계가 건축면적 1/8 이하 또는 12m 이하) 옥탑 층수 제외(옥탑면적합계가 건축면적 1/8 이하)
1970. 1.	지하층 기준(지하층 바닥에서 지표면까지 높이 1/3)
1972. 12.	지하층 기준(지하층 바닥에서 지표면까지 높이 2/3)
1973. 9.	지하층 층수산정 제외
1981	지하층 바닥면적 산정 제외
1985	지하층 기준 완화(지하층 바닥에서 지표면까지 높이 2/3 → 1/2)
1991	바닥면적 산정에서 차량주차용 단독주택 필로티 제외
2000. 6.	필로티의 층수 산정 및 높이 제외

6) 심의에 의한 높이 및 층수 규제

건물이나 주택에 대한 심의는 기존의 '국토의 계획 및 이용에 관한 법률', 건축법 등에서 규제할 수 없는 내용을 제어하기 위한 부가적 규제 수단이라고 할 수 있다. 서울시의 건축심의제도는 건축법에서 도시미관 심의를 하도록 지방건축위원회 설치규정이 생기면서 시작되었다. 1974년 서울시 건축위원회가 설치되었고, 1980년 건축위원회 조례가 건축조례로 통합되면서 현재는 건축조례를 통해 운영되고 있다.

주택유형별로 건축심의를 보면 <표 5-9>와 같이 주상복합의 경우는 건축(1)위원회(건축과), 공동주택은 건축(2)위원회(도시디자인과)에서 담당하고 있다. 다세대주택은 서울시 차원의 심의는 현재 폐지되었으나 1980년대 다세대주택 허가지침 관련 심의 기준이 적용되었다.

심의제도가 시작 된 이후 정량화하기 어려운 심의 기준을 이용해 심의위원들의 주관적인 판단과 토론에 의존하던 심의방식은 1996년 객관화된 심의기준을 도입하는 것으로 변화하였다. 이른바 지표적 심의기준이라고 불리는 계량화된 기준을 도입하였고 계량화가 어려운 항목은 유도적 심의기준이라 하여 종전처럼 심의위원들의 판단에 따른 토론식 심의를 병행하였다.

<표 5-9> 서울시 주택 관련 건축심의 대상

	심의 주택유형	심의 대상 건물의 조건
건축(1)위원회	주상복합	16층 이상 또는 연면적 3만 제곱미터 이상인 다중이용 건축물
건축(2)위원회	아파트	16층 이상으로서 300세대 이상인 아파트

이 당시 도입된 지표적 기준으로는 건물 1동의 입면크기를 규제하는 입면적 기준, 아파트 단지의 개방감을 확보하기 위한 입면 차폐도 기준, 구릉지에 건설되는 아파트의 높이 및 동 간 거리 기준, 아파트 단지의 부지면적에 따라 용적률의 차등적용, 아파트 단지 내 생활공간 규모에 따라 용적률 차등적용에 대한 기준 등이었다. 지표적 기준은 항목별 기준을 정하여 그 기준에 만족하여야 하는 것으로 하였으나 기준의 20% 이상을 벗어난 계획안의 수용 여부는 설계자의 요청에 의하여 건축위원회에서 결정하도록 하고 있다. 유도적 기준은 단지계획, 건물배치, 형태, 주차, 색채, 녹지 등에 대해 계량적인 기준 없이 심의위원들의 토의를 통해 이루어진다.

이와 같이 아파트 관련 건축심의는 지속적인 보완을 통해 현재는 입면적, 입면차폐도, 구릉지 높이 한계, 옥외 생활공간율, 보차도 비율, 단지조성 및 배치계획, 절성토비율 및 지형변형비율, 단지 동선계획, 구조계획, 조경계획 및 기존수목 보존, 지반굴착계획 등 기존의 법제에서 규제할 수 없는 내용 등을 위주로 구성되어 있다. 건축심의는 도시경관 관리와 건축물의 공공성 확보를 목적으로 도시환경에 미치는 영향이 큰 건축물을 대상으로 한다. 내용상으로 보면 높이나 층수를 직접적으로 규제하지 않지만 최종적인 건물 형태를 결정하는 데 영향이 크다.

<표 5-10> 서울시 공동건축 건축심의기준 내 입면적, 입면차폐도 기준

항목	내용
입면적	■ 건축물의 입면적 3,000제곱미터 이하 지역 － 한강 연접지역으로서 한강 경계로부터 500미터 이내 지역 － 위원회에서 중요하다고 인정하는 주요 하천 인접지역 － 남산, 북악산, 인왕산, 북한산, 관악산, 수락산, 불암산, 도봉산, 아차산, 우면산, 대모·구룡산 등에 인접된 구릉지(해발 40미터 이상의 구릉지를 말한다. 이하 같다)지역 ■ 이 지역을 제외한 지역의 건축물의 입면적은 3,500제곱미터 이하
입면차폐도	■ 입면차폐도 30미터 이하 지역 － 한강 연접지역으로서 한강 경계로부터 500미터 이내 지역 － 위원회에서 중요하다고 인정하는 주요 하천 인접지역 － 남산, 북악산, 인왕산, 북한산, 관악산, 수락산, 불암산, 도봉산, 아차산, 우면산, 대모·구룡산 등에 인접된 구릉지(해발 40미터 이상의 구릉지를 말한다. 이하 같다)지역 ■ 입면차폐도 35미터 이하 지역 － 주요 간선도로(폭 25미터 이상인 도로 또는 철도변을 말한다)변 － 일반 구릉지 지역 ■ 상기 지역을 제외한 지역의 입면차폐도는 40미터 이하

2. 주택규모 규제

주택의 규모 규제는 크게 건폐율에 의해 건물의 바닥 규모가 결정되는 규정과 주택의 규모를 직접적으로 규제하는 내용으로 나뉜다. <표 5-11>을 통해 주택유형별 규모 규제 방식을 보면 아파트의 경우는 국민주택규모(85㎡, 전용면적 25.7평)와 그 비율에 따라 규제하고 다가구, 다세대주택의 경우는 주택연면적과 세대수 규제를 통해 주택규모를 제한하고 있다.

주상복합의 경우는 주택유형분류상 아파트에 포함되어 주택규모 및 비율에 대한 규제를 받는 것이 원칙이다. 그러나 사업승인대상과 건축허가대상에 따라 주택규모 규제가 차등 적용되었다. 현재는 주상

〈표 5-11〉 건물의 규모규제 및 적용 주택유형

규제 내용		근거법	적용 주택유형
주택 규모 규제	건폐율	– '국토의 계획 및 이용에 관한 법률' 제77조 (용도지역 안에서의 건폐율) – 도시계획조례 제54조(용도지역 안에서의 건폐율)	범용적 규제
	주택규모 및 건설비율	– 주택법 제21조(주택건설기준 등) – 주택법 시행령 제21조 (주택의 규모 및 규모별 건설비율)	아파트
		– '도시 및 주거환경정비법' 제4조의2 (주택의 규모 및 규모별 건설비율) – '도시 및 주거환경정비법' 시행령 제13조의3 (재개발, 재건축의 주택의 규모 및 규모별 건설비율) – '도시 및 주거환경정비법' 제30조의3 (주택재건축사업의 용적률 완화 및 소형주택 건설 등)	아파트
	연면적 및 세대수 규제	– 건축법 시행령 제3조의4(용도별건축물의 종류)(별표1) (다가구, 다세대 660㎡ 이하, 19세대 이하)	다가구, 다세대
		– 주택법 시행령 제15조(사업계획승인): 20세대, 1만㎡	아파트
		– 주택법 제16조, 주택법 시행령 제15조 (사업계획의 승인 제외) : 주택연면적 90% 미만 제외 : 주상복합 300세대 미만 사업계획승인 제외	주상복합
	건축면적, 높이, 층수산정	– 건축법 제84조, 건축법 시행령 제119조 (면적, 높이, 층수 등의 산정방법)	범용적 규제

복합 건물의 전체 연면적 중 주택면적의 비율을 규제하고 있으며 평균전용면적 297㎡ 이하로만 규제하고 있어 실질적인 주택규모 규제는 없다고 할 수 있다. 또 하나의 주택규모를 규제하는 방식으로는 건축면적 및 연면적 산정 기준을 변경하는 방식이 사용되기도 하였다.

1) 건폐율 규제

건폐율 규제는 대지규모에 따라 건축면적을 규제하는 방식으로 필지 규모에 연동하는 규제방식이다. 건폐율은 1967년 건축법 개정을 통해 최초로 도입되었으며 2000년 규정의 근거가 도시계획법으로 이관되면서 현재는 '국토의 계획 및 이용에 관한 법률'에서 규정하고 있다. 서울시의 경우 1967년 건폐율 제정 당시부터 60% 내외로 지속되고 있다. 2003년 7월부터 주거지역 종세분화 기준이 시행되고 있는데 1, 2종은 60% 3종은 50%로 유지되고 있다. 건폐율은 용도지역별로 차등 규제되는 방식인데 주택유형별로 규제강도가 달라지기도 하였으며 현재는 용도지역제에 기반하여 운용된다. 주택유형별로 건폐율 규제가 용도지역제의 규정에 따르지 않고 차등적용 된 경우는 다세대주택과 아파트에서 나타났다. 1986년 서울시의 다세대주택 건축허가 처리지침에서는 건폐율을 50% 이하(4대문 내에서는 45%)로 강화하기도 하였으며 1990년 4월 개정을 통해 주택유형별 규제를 없애고 관련 용도지역지구의 규정을 따르도록 하였다. 아파트의 건폐율 규제는 층수와 연동되는 방식이 적용되기도 하였는데 아파트지구와 재개발사업 시 용도지역보다 강화된 규정을 적용하였다. 1979년부터는 주택재개발사업과 아파트지구의 건폐율을 동일하게 적용하였다. 70년대와 80년대는 아파트의 건폐율을 저밀로 유지하였으나 1993년 이후 일반주거지역의 건폐율을 적용하게 되었다. 서울시의 일반주거지역 및 주택유형별 건폐율 규제의 변화는 <표 5-12>와 같다.

〈표 5-12〉 서울시 일반주거지역 및 주택유형 건폐율 규제의 변화

연도	규제 내용
1967	대지면적 30㎡×60%(건축법 제39조)
1972	주거지역 60%(건축법 제39조)
1977	25%(아파트 지구)
1978	20%(5층 이하 아파트 지구), 18%(6층 이상 아파트 지구)
1979	20%(5층 이하 아파트 재개발), 18%(6층 이상 아파트 재개발)
1982	25%(5층 이하 아파트 재개발), 20%(6층 이상 아파트 재개발)
1985	30%(5층 이하 아파트), 25%(6층 이상 아파트)
1986	50%(4대문 내 45%)(다세대주택 건축허가지침)
1990. 4.	아파트 재개발 30%, 다세대 주택 건폐율 강화 폐지
1990. 11.	아파트 재개발 60%
1993	일반주거지역 60%(서울시건축조례 제27조)
2000	1, 2종 일반 60%, 3종 일반 50%(서울시 도시계획조례 제55조)

2) 아파트의 주택규모 규제

주택의 규모 및 비율에 관한 내용은 주택법에서 규정하고 있는데 지속적으로 변화되어 왔다. 1977년 주택건설촉진법 전문개정에서 '주택의 규모별 공급비율'에 관한 조치를 취할 수 있도록 조항이 신설되면서 시작되었다. 1978년에는 국민주택(85㎡, 32평)규모 이하를 40% 이상으로 공급하도록 명문화하였고, 1979년에 그 비율이 50%로 확대되었다. 1981년 7월 주택경기 활성화 시책으로 국민주택 건설의무는 폐지하였으나 1989년 소형주택 건설 확대지침을 제정하고 이를 90년에 '주택의 규모별 공급비율 지침'으로 전환하였다. <표 5-13>과 같이 90년대 중반까지 꾸준히 아파트 건설 시 국민주택을 짓도록 의무화하여 왔다. 그러나 1996년부터 의무비율을 지속적으로 폐지하였고 IMF 외환위기로 인한 건설경기 활성화를 위해 98년 재건축과 민영주

택의 소형주택 의무건설 비율 규정을 폐지하였다. 2000년에 저밀도 아파트지구의 소형주택 건실비율 재도입을 시작으로 2003년에 '도시 및 주거환경정비법'에서 소형주택 건설비율제도를 다시 규정하여 현재에 이르고 있다.

<표 5-13> 주택규모 및 비율 규제의 변화

연도	주요 내용
1977	－ 주택의 규모별 공급비율에 관한 조치를 취할 수 있도록 조항이 신설
1978. 3.	－ 국민주택규모 40% 이상 건설
1979. 11.	－ 국민주택규모 50% 이상 건설
1981. 7.	－ 국민주택 의무건설 폐지(주택경기 활성화 대책) － 단, 국민주택규모 50% 이상 건설(건설교통부장관이 필요하다고 인정 시)
1989. 11.	－ 소형주택 건설 확대지침 제정
1990. 1.	－ 주택의 규모별 공급비율 지침으로 전환 － 25.7평 이하 60%, 초과 40%
1991. 1.	－ 18평 이하 35% 이상, 25.7평 이하 70% 이상, 초과 30% 이상
1992. 1.	－ 18평 이하 40% 이상, 25.7평 이하 75% 이상, 초과 25% 이상
1993. 2.	－ 25.7평 이하 75% 이하
1995. 11.	－ 전용면적 18평 이하의 건설 비율을 지역 주택보급률에 따라 차등 적용 － 수도권 30% 이상
1996. 7.	－ 민간건설 임대주택 의무비율 폐지
1996. 10.	－ 단독, 연립주택의 의무비율을 폐지하고 아파트는 주택보급률에 따라 차등 적용 － 18평 이하 30%, 25.7평 이하 75%(주택보급률 80% 이하인 서울, 부산, 대구 경우)
1997. 1.	－ 다세대주택 의무비율 폐지
1997. 4.	－ 수정법에 의한 과밀억제권역 14개 시에 대해서만 의무비율 적용 － 서울: 18평 이하 30%, 25.7평 이하 75%
1998. 1.	－ 민간택지에 대한 주택규모별 건설 의무비율 폐지
1998. 6.	－ 재건축조합 의무비율 폐지 － 직장, 지역, 조합주택의 18평 이하 의무비율 폐지
2000. 9.	－ 서울시 저밀도 아파트지구에서 300세대 이상 재건축 시 규정 － 60㎡ 이하 20%, 85㎡ 이하 30%, 85㎡ 초과 50%
2001. 12.	－ 재건축조합 및 민간주택 시 300세대 이상 건설 시 60㎡ 이하를 20% 이상(수도권과밀억제권역)
2003. 9.	－ 재건축 사업 시 85㎡ 이하 60% 이상 건설(수도권 과밀억제권역)
2005. 5.	－ 재건축 사입 시 연면적의 50% 이상을 85㎡ 이하로 건설

〈표 5-14〉 주택재개발사업 시 주택 비율 및 규모 규제의 변화

구분	내용
1984. 1. 14.	전체 건립가구수의 50% 이상
1986. 7. 10.	전체 건립가구수의 50% 이상(분양대상 조합원 수 이상)
1988. 9. 9.	전체 건립가구수의 60% 이상(분양대상 조합원 수 이상)
1989. 4. 25.	전체 건립가구수의 60% 이상(분양대상 조합원 및 세입자수 이상)
1991. 3. 25.	전체 건립가구수의 80% 이상, 분양대상 조합원 수 및 세입자 가구수 이상, 이 중 60㎡ 이하는 50% 이상
1998. 11. 20.	전체 건립가구수의 80% 이상, 분양대상 조합원 수 및 세입자 가구수 이상, 이 중 60㎡ 이하는 40% 이상

자료: 서울특별시. 2001a. p.1164.

반면 재개발 아파트는 주택법 내의 국민주택규모 및 건설비율을 직접적으로 적용받지 않고 강화된 규정이 적용되었다. 서울시에서는 재개발사업을 통해 소형주택을 보다 많이 공급하고자 하였다. 소형주택이라 하더라도 재개발 전의 주택 규모에 비하면 대형화되었지만 재개발 목적이 저소득층 주민의 주거환경 개선에 있는 만큼 소형주택을 중심으로 건설되어야 한다는 것이었다. 1984년에는 전체 건립가구 수의 50% 이상을 국민주택 규모 이하로 건설토록 하였고 1988년에는 60% 이상으로 강화하였다. 1991년에 들어서는 전체 건립가구수의 80% 이상을 국민주택 규모로 하되 이 중에서도 60㎡ 이하 규모의 주택이 50% 이상을 차지하도록 더욱 강화하였다. 1998년에는 60㎡ 이하 규모의 주택을 40% 이상으로 조금 완화하였다. 또한 1989년부터는 소형주택 건설 물량 산정 시 기존의 세입자 가구수도 포함시키도록 함으로써 세입자들이 입주할 수 있는 기회를 확대하려고 하였다.

주상복합은 아파트가 비주거용도와 복합되어 있는 시설로서 주택

유형 분류상 아파트에 포함된다. 그러나 상업지역의 도심공동화 방지라는 근본 취지에 따라 아파트에 준하는 규제를 적용받지 않고 있다. 현재 주상복합의 주택규모 관련 규제는 주택비율과 평균전용면적 규제만 적용되고 있다. 주상복합의 주택규모 규제는 아파트에 준용하는 규제를 받는 것이 원칙이나 사업계획 승인과 건축허가에 따라 주택규모 및 비율에 따른 규정이 달리 적용되었다. 사업계획승인을 받을 경우에는 국민주택 건설비율을 아파트와 같이 적용해야 하나 건축허가를 받을 경우에는 이 규정을 적용받지 않았다. 따라서 사업계획승인을 받지 않을 경우 주상복합 신축 시 여러모로 유리하였다. 이러한 사업계획승인과 건축허가의 적용 여부는 주택비율, 세대수, 평균전용면적에 따라 결정되었다.

<표 5-15>에서와 같이 주상복합의 주택규모 관련 규제는 지속적으로 완화되었다. 주상복합의 주택규모에 대한 규제는 주택건설기준에 관한 규칙, 즉 주택법 산하 규정에서 출발하였으나 현재는 주택법보다는 건축법에 의한 규제를 적용받는다. 이러한 주상복합건물 활성화 정책에 따라 주상복합건물이 모든 상업지역에 확산되는 결과를 가져왔다. 이로 인해 주상복합이 초고층, 대형화되고, 주거비율이 연면적의 90%나 되는 등 사회적 문제로 야기됨에 따라 2000년 용도용적제를 통해 주택비율별 용적률을 차등 적용하고 있다.

<표 5-15> 주상복합관련 건축법규의 변천과정

연도	주상복합 활성화 대책
1982. 5.	− 상업지역에 주상복합의 건축 시 사업승인 제외 대상 기준 마련 − 주택비율 50% 이상 20세대 이상, 50%미만 100세대 이상
1990. 7.	− 주택과 타 용도의 복합건축 허용 − 주거환경에 지장이 있는 시설(숙박, 위락, 공연, 위험물저장 및 처리)만 복합건축 제외
1994. 7.	− 상업, 준주거지역의 주거복합건물 사업승인 제외대상 변경(건축허가) − 규모: 평균 전용면적 150 미만 − 주택비율 50% 미만, 주택호수 200세대 미만
1995. 10.	− 상업지역, 준주거지역의 주거복합일 경우 사업승인 제외 대상 완화 − 규모: 평균 전용면적 150 미만 − 주택비율 70% 미만, 주택호수 제한 없음.
1998. 1.	− 공동주택 국민주택규모 이하(70% 범위 내) 건설의무비율 폐지 − 이전까지는 사업승인 대상 주상복합일 경우 국민주택 규모 이하의 소형 평형에 대하여 일정 비율의 건설의무비율이 적용되었음.
1998. 4.	− 상업지역, 준주거지역의 주거복합일 경우 사업승인 완화 − 규모: 평균 전용면적 150 미만 − 주택비율 90% 미만, 주택호수 제한 없음.
1999. 12.	− 상업지역, 준주거지역의 주거복합일 경우 사업승인 완화 − 규모: 평균 전용면적 297 미만 − 주택비율 90% 미만, 주택호수 제한 없음.
2000. 7.	− 상업지역 용적률 강화(예: 일반상업지역의 경우 1,000%, 800%) − 상업지역 내 주상복합일 경우 주택비율에 따라 용적률을 차등 적용하여 주상복합에 대한 규제가 강화됨(일반상업지역일 경우 주상복합 용적률은 주거비율이 80~90%일 때 500%, 20% 미만일 경우 800% 적용).
2003. 6.	− 300세대 이상인 경우 일반아파트와 동일한 조건으로 건축 및 분양

자료: 주택건설촉진법 시행령. 서울시 도시계획조례.

3) 다가구, 다세대주택의 주택규모 규제

다가구, 다세대주택은 연면적 및 세대수 규제를 통해 주택의 규모를 규제하였다. 규제 변화를 <표 5-16>을 통해 보면 연면적은 초기 330㎡ 이하였으나 90년 다가주택도입과 함께 660㎡로 상향 조정되었다. 세대수 규제는 다가구주택은 도입 당시부터 19가구 이하로 규제

〈표 5-16〉 다가구, 다세대주택의 연면적 및 세대수 규제

	다가구	다세대
1985. 9.	−	− 330㎡ 이하 / 2~9세대 이하
1985. 12.	−	− 2~19세대
1986. 8.	−	− 6세대 이하
1989. 4.	−	− 2~15세대 이하
1990. 3.	− 330㎡ 이하 / 2~9가구	−
1990. 4.	− 660㎡ 이하 / 2~19가구	−
1990. 7.		− 660㎡ 이하 / 2~19세대

되었고 다세대 주택은 1985년 도입 이후 완화와 강화를 거쳐 1990년 다가구주택과 동일한 19세대로 규정되고 있다. 현재 다가구주택과 다세대주택은 연면적 660㎡ 이하 19세대 이하로 규정되고 있다. 연면적 규제는 주택의 규모를 제약하는 요소로 적용될 수 있는데 규모가 큰 대지는 다가구주택과 다세대주택으로 계획할 경우 허용 용적률에 못 미치게 되기 때문이다.

4) 면적 산정기준 완화를 통한 주택규모 규제

주택규모에 영향을 준 또 하나의 기준은 건폐율에 산입되는 건축 면적의 기준을 완화하거나 용적률에 산입되는 연면적 산정 기준을 완화하는 방식이 있다. 이 규정은 주로 다가구, 다세대주택에 적용되는 것으로 필지 단위 개별건물에 있어서 큰 영향을 미쳤다. 건축면적 산정 예외 요소는 초기에는 건물 돌출부위로 한정하였는데 1985년 다가구, 다세대주택의 옥외계단을 건축면적에서 제외시켰다. 또한 발코니를 바닥면적에서 제외하는 규정으로 인해 실질적으로 건물의 규

<표 5-17> 건축면적 산정 예외 요소의 변화

연도	내용
1962. 4.	처마, 차양, 부연, 칸티레바, 기타 이와 유사한 것
1982. 8.	처마, 차양, 부연, 기타 이와 유사한 것
1985. 8.	처마, 차양, 부연이나 다세대주택 또는 연면적 330㎡ 이하인 단독주택의 옥외계단, 기타 이와 유사한 것
1992. 5.	처마, 차양, 부연, 기타 이와 유사한 것(옥외계단 재포함)

<표 5-18> 연면적 산정 예외 기준의 변화

시기	내용
1973. 9.	− 필로티(공중의 통행에 전용) 바닥면적 산정 제외 − 발코니를 둘러싼 난간벽이 지붕에 이르는 수직면의 면적이 1/2 이상인 경우 바닥면적에 산입(난간의 개방정도가 기준)
1977. 11.	− 아파트 지하 대피시설 면적 용적률 제외
1978. 10.	− 지하주차장 또는 지하층 등 거실 이외의 용도로 쓰이는 면적 용적률 제외
1981. 10.	− 지하층 바닥면적산정 제외
1986. 12.	− 외벽에서 1.2m 이하 발코니 바닥면적에서 제외
1988. 2.	− 외벽에서 1.5m 이하 발코니 바닥면적에서 제외
1990. 1.	− 지상층의 주차용 면적 용적률 산정 제외 − 필로티(공중의 통행 또는 차량 주차면적 또는 공동주택) 바닥면적 산정 제외
2000. 6.	− 외벽에서 1.5m 이하 발코니 바닥면적에서 제외 − 외벽에서 2m 이하 발코니 바닥면적에서 제외(주요 채광방향의 벽면에 있는 노대 등의 바깥부분에 간이화단을 노대 면적의 15% 이상 설치한 경우)
2005. 12.	− 발코니 확장 합법화 − 외벽에서 1.5m 이하 발코니 바닥면적에서 제외

모를 증대시켰고 용적률에는 포함되지 않아 건물의 규모를 증가시키는 주요한 요인이 되었다.

발코니의 연면적 산정 예외기준은 아파트의 실질적인 용적률 증가 요인으로도 지적되기도 하는데 이처럼 주택에 있어서 건축면적과 연면적 산정 방식은 주택의 규모를 결정하는 데 중요한 요소로 작용된다고 할 수 있다.

3. 건물배치 규제

건물 배치에 영향을 주는 규정은 크게 모든 건축물에 해당하는 건축법 내 건축선 규정, 주택건설규정과 서울시 공동주택 심의에 포함되는 아파트 배치 규정 등이 있다.

건축법에서 범용적으로 적용하는 배치 규제는 건축선 규제로서 대지 내 건축물이 배치될 수 있는 최대한의 위치를 의미한다. 그러나 실질적으로 건축선은 4m 미만 도로에 접한 대지의 경우 도로 확폭을 위한 후퇴선의 의미를 갖는다. 건축법령에는 도로의 너비에 대한 규정과 함께 건축선에 대한 기준이 규정되어 있다. 따라서 도로가 소요폭에 미달하거나 도로의 모퉁이에 위치한 대지, 그리고 건축물의 위치나 환경정비를 위해 건축선을 따로 지정한 경우 도로폭의 확보를 위하여 후퇴한 선을 건축선으로 한다. 1976년 이후 도로폭의 확보에 따른 도로와 대지의 경계선이 건축선이 되었다. 현재는 건축법 시행령상에서 규정한 도로폭이 건축선이 된다.

한편 주택건설규정 내 아파트 배치에 영향을 주는 규정은 단지 내 도로, 주차장으로부터의 이격거리 규제가 있다. 규정 내용을 보면 도로 및 주차장으로부터 2m 이격하게 되어 있는 최소한의 규정이다. 아파트 배치에 적용되는 건축법과 주택법 이외의 부가적인 규제로는 서울시 공동주택 심의규칙(제11조)의 단지조성 및 배치계획 관련 규정이 있다. 심의 기준을 보면 명확하게 지침화되어 있지 않고 설계 시 반영을 하게 되는 항목들로 조성되어 있어 실질적으로 아파트 배치에 큰 영향을 주지는 못하고 있다.

필지, 도로, 오픈스페이스 규제 방식과 내용

1. 필지 규제

필지는 현재의 용도지역지구제 관점에서 보면 건물의 규모를 결정하는 가장 큰 요인이다. 그러나 현행법에서는 필지의 변화를 규정할 수 있는 특별한 규정이 있지 않다. 다만 대지의 최소면적 확보를 위한 대지분할제한(90㎡ 이하 금지)과 재개발사업 시 적용되는 합병기준이 대표적인 필지 관련 규제라고 할 수 있다.

필지규모, 즉 대지의 최소규모에 관한 규정은 도시 내의 무질서한 영세 건축물 증가에 대한 처방으로 1967년 건축법에 도입되어 대지규모를 제한하기 시작하였다. 1968년 건축법 시행령으로 주거지역 최소대지면적을 90㎡ 이상으로 정한 이후 시기별, 지역별로 변화가 있었으나 1999년 최소대지면적 기준을 폐지하고 대지분할 최소 규정으로 개정하였다. <표 6-1>을 보면 대지 분할 기준의 변화를 알 수 있다. 1996년부터 주거지역 종세분화에 따라서 종별로 기준을 차등화하였고, 1999년 규제개혁의 대상으로 삭제되었다. 그에 따라 최소대지면적 기준은 폐지되었으나 용도지역별로 대지분할 최소규정은 남아 있다.

건축법에서 최소대지면적을 규제한 것과 마찬가지로 주택건설촉진법에서도 아파트 단지의 외형적 규모를 결정하기 위해 아파트지구의 최소대지면적과 대지폭을 <표 6-2>와 같이 규제하였던 적이 있다. 아파트와 연립주택의 최소대지면적, 최소대지폭을 아파트지구 내 건축기준을 통해 규제하였으나 85년과 93년 삭제되어 현재는 적용되지 않는다.

<표 6-1> 대지 분할 기준의 변화

시 기	내 용
1968. 2.	－ 주거지역 90㎡ 이상
1972. 11.	－ 영동/잠실지구: 165㎡
1976. 4.~ 82. 12.	－ 시장, 군수가 기준면적의 2배 범위 내 지정 가능
1988. 2.	－ 일반주거지역:60㎡≤A≤180㎡ 상기 범위 내 지자체의 조례
1989. 7.~ 93. 4.	－ 주거지역 90㎡ 이상, 영동/잠실지구: 165㎡
1992. 5.	－ 일반주거지역 60㎡ 이상 － 건축조례로 1, 2, 3종 세분화
1996. 8.	－ 일반 90㎡ 이상 － 1종 120㎡ 이상
1999. 3.	－ 최소대지면적 기준 폐지 － 대지분할 최소 규정으로 개정(건축법 제57조)

<표 6-2> 아파트지구 내 주요건축기준의 변화

연도	최소대지면적(㎡)		대지최소폭(m)	
	아파트	연립주택	아파트	연립주택
77	3,000	300		
78	－	3,000		
79	－	－	50	10
80	－	2,000	－	－
82			30	－
85	삭제	삭제	－	－
93			삭제	삭제

자료: 서울특별시, 2001a, p.780 수정.

따라서 단독주택지(화곡), 재개발구역(옥수), 상업지역(도곡) 등의 필지변화 양상을 보면 건물 신축과 함께 필지규모가 대형화되었는데 특히 재개발의 경우에는 기존 필지들은 대형화를 넘어 단지화되었다. 필지가 이렇게 대형화되는 원인은 필지면적이 주택유형이나 건물의 규모에 영향을 미치기 때문이다. 필지합병에 대한 규제가 없어 다가구, 다세대주택이나 주상복합이 건축된 상업지역의 경우는 필지 합병의 양상이 나타났다.

필지 합병에 대한 기준이 구체적으로 명시되어 있는 규정은 재개발사업 구역 지정요건이다. 80, 90년대에는 도시재개발법, 현재는 '도시 및 주거환경정비법' 내 재개발 구역지정의 기준에 따르고 있다. 1970년대 주택재개발구역은 1973년 12월 건설부고시 제470호로 일제히 지정되었다. 당시 재개발 구역의 지정 요건은 정량적으로 지정되지 않은 과소토지, 건축물노후도, 건축물의 내화, 방화구조 미성립, 토지의 합리적 이용과 도시기능 회복의 필요성 등 해석하기에 따라 달라질 수 있는 기준들이었다. 또한 70년대 지정된 재개발구역은 주민동의가 필요하지 않고 정부가 직접 지정하는 방식이었다. 따라서 당시의 재개발 구역 지정은 정부가 임의대로 할 수 있었다.

주택 재개발구역지정 요건에 대한 문제제기로 1988년을 기점으로 주민동의가 반영되었다. 1988년 5월까지는 주택개량 재개발 구역을 지정하는 데 법적으로 주민의 동의가 필요하지 않았고 이 시기부터 토지건물 소유자의 90% 이상의 동의를 얻어야 재개발 구역으로 지정할 수 있도록 하였다. 이 요건은 1992년 주민의 2/3로 완화되었다. 1993년 이후에 지정된 구역은 구역지정 및 사업시행 인가 시 주민 2/3의 동의를 얻어야 재개발을 시행할 수 있게 되었다.

〈표 6-3〉 주택재개발사업 시 주민동의율에 대한 법적 변경내용

연도	구역지정 시 주민동의율	사업시행 인가신청 시 주민동의율
1988. 5. 이전	법상 동의 불필요	토지 및 건물소유주의 2/3 이상
1988. 5.	토지 및 건물소유자의 90% 이상	토지 및 건물소유주의 90% 이상
1989. 8.		토지면적, 토지소유자수의 2/3 이상, 건물소유자수의 90% 이상
1992. 8.	토지 및 건물소유자의 2/3 이상	토지 및 건물소유자수의 2/3 이상

자료: 서울특별시, 2001a, p.1161.

또한 정량화되지 않은 구역지정의 요건을 합리화하기 위해 2003년 '도시 및 주거환경정비법'이 제정되면서 구역지정요건을 조례에서 규정하고 있다. 기준으로는 호수밀도, 노후불량도, 주택접도율, 과소필지, 재해위험지역의 5가지로 구분하고 있다. 그러나 2003년 구역지정요건을 규정한 후 지속적으로 완화하여 2006년 개정된 조례의 구역지정 요건을 보면 호수밀도 60/ha 이상, 면적 5,000㎡ 이상, 주택접도율 30% 이하, 과소·부정형·세장형 필지 50% 이상, 노후불량 건축물 60% 이상, 상습침수지역과 재해위험지역이다. 실질적인 구역지정의 요건은 5개 항목으로 볼 수 있으나 호수밀도 요건은 선택요건으로 완화하였고 5개 항목 중 2개만 충족시키면 재개발 구역을 지정할 수 있다.

2. 오픈스페이스 규제

오픈스페이스 규제는 필지단위로 적용하는 건축법과 단지단위로 적용하는 주택법으로 이원화되어 있다. 따라서 단독주택지나 주상복

합 등 필지단위로 주택이 건설되는 경우는 건축법 내 규정에 따라 대지의 면적과 건물의 용도별 연면적에 의해 규정을 적용받고 아파트 단지의 경우 세대수와 대지면적에 비례하여 적용을 받는다. 따라서 아파트 단지의 경우 대지면적이 클수록, 세대수가 많을수록 오픈스페이스가 증가하고 필지 단위의 개별적인 건축물의 경우 필지 단위로 오픈스페이스를 확보해야 한다. 다가구, 다세대주택의 오픈스페이스 규제는 오픈스페이스의 확보나 조성의 관점에서 적용되기보다는 건물 규제의 완화나 주차장 규제 강화 등 오픈스페이스에 영향을 주는 규제들에 의해 영향을 받았다. 다가구, 다세대주택의 오픈스페이스는 사실 주택 관련 법제 내에서 관심의 대상 밖이었다. 오픈스페이스 관련 규제는 <표 6-4>와 같으며 필지단위와 단지단위에 따라 규제방식이 달라지며 이에 따라 주택유형별로 차이가 나타난다.

〈표 6-4〉 오픈스페이스 규제 및 적용 주택유형

규제내용	근거법	적용주택유형
대지의 조경	− 건축법 제42조, 시행령 제27조, 건축조례 제20조(대지 안의 조경) − 건축조례 제21조(식재 등 조경기준)	범용적 규제
	− 주택건설규정 제29조(조경시설): 상업지역 완화	아파트, 주상복합
대지 안의 공지	− 건축법 제58조, 시행령 제80조의2, 건축조례 제25조의2 (대지 안의 공지)	주택유형별 규제
공개공지	− 건축법 제43조, 시행령 제27조의2, 건축조례 제22조(공개공지 확보)	주상복합
주차장	− 서울시주차장조례 제20조 (부설주차장의 설치대상 시설물 종류 및 설치기준)(별표2)	주택유형별 규제
	− 주택건설규정 제27조(주차장)	아파트, 주상복합
놀이터	− 주택건설규정 제46조(50세대 이상)	아파트
	− 주택건설규정 제47조(상업지역 완화)	주상복합
주민운동시설	− 주택건설규정 제53조(주민운동시설)	아파트
옥외생활공간	− 서울시공동주택 건축심의규칙 제9조(옥외생활공간확보 15% 이상)	아파트

1) 대지의 조경

　대지 안의 조경 규정은 1981년 건축법 시행령 개정을 통해 도입되었으며 조례에서 설치면적을 규정하고 있다. 대지안의 조경 규정은 주택유형에 상관없는 범용적인 규제이다. 아파트와 같이 대형 단지의 경우 주택건설규정 내에서 단지 내 녹지면적을 규정하고 있어 실질적으로 이 규정은 주로 다가구, 다세대주택이나 주상복합과 같이 필지 단위 주택에 적용된다. 현재 대지의 조경 규정에 의해 설치되는 조경면적은 대지면적에 따라 차등 적용되고 있다. 대지면적 200㎡ 이상인 경우 건축물의 연면적에 비례하여 규정하고 있는데 연면적이 1,000㎡ 미만인 경우 대지면적의 5%, 1,000~2,000㎡인 경우 10%, 2,000㎡ 이상인 경우 15% 이상 설치하게 되어 있다. 따라서 대지면적이 200㎡ 미만인 소형필지는 이 규정이 적용되지 않는다. 또한 건축물의 연면적이 아무리 증가하여도 조경면적은 15% 이상만 준수하면 된다. 국내 주상복합건축물은 현실적으로 연면적 2,000㎡가 넘기 때문에 대지면적의 15% 이상만 조경면적을 조성하면 된다. 따라서 주상복합의 경우 아파트와 달리 세대수가 증가하거나, 대지면적이 증가하여도 오픈스페이스가 추가적으로 증가되지 않는다고 볼 수 있다.

2) 조경면적

　아파트 단지에서의 조경면적, 즉 녹지면적 규정은 주택건설규정에 의해 규제하고 있다. 아파트 단지에서의 조경면적 확보에 관한 규정은 단지가 비교적 저밀상태였던 70년대 초반까지는 규정이 없었으나

76년 주택건설촉진법 시행규칙에 의해 대지 안에 일정한 비율의 조경면적을 확보하여야 하는 규정이 신설되었다.

이후 아파트단지가 증가함에 따라 단지 내의 녹지면적에 대한 규제는 국민주택규모 이상의 단지와 그 이하의 단지로 세분되었다. 국민주택이상의 단지에는 대지면적의 30%를 조성하게 하고 국민주택규모 이하의 주택이 2/3 이상인 단지에서는 연면적에 따라 건축법 내 대지안의 조경 규정을 따르게 하고 있다. 따라서 주택규모가 큰 단지일수록 많은 녹지면적을 설치하게 되었다. 건축법 내 규정과 주택건설기준의 규정을 비교해 보면 건축법 내 규정은 필지단위로 대지면적 기준이 아닌 건축연면적에 비례하여 설치하게 되고 주택건설규정 내 규정은 대지면적과 주택규모에 비례하여 설치하게 된다. 따라서 동일한 대지면적의 아파트 단지라도 주택규모에 따라 실질적인 조경면적은 2배의 차이가 나타날 수 있다.

〈표 6-5〉 아파트 단지 내 조경면적 규제사항 변천

연도	내용
76. 9.	- 공지면적의 1/10 이상에 조경
78. 10.	- 대지면적의 1/10 이상을 공원, 녹지시설로 설치
81	- 연면적 165㎡ 이상의 건축물 건축 시 - 2,000㎡ 이상 15% 이상, 1,000~2,000㎡ 10% 이상, 1,000㎡ 이하 5% 이상
89. 7.	- 대지면적의 3/10 이상 조경면적 확보 - 전용 85㎡ 이하 공동주택이 전체의 2/3 이상 시, 건축연면적 165㎡ 이상일 경우 아래와 같이 건축법 준용 - 2,000㎡ 이상 15% 이상, 1,000~2,000㎡ 10% 이상, 1,000㎡ 이하 5% 이상
91. 1.	- 대지면적의 3/10 이상 조경면적 확보 - 전용 85㎡ 이하 공동주택이 전체의 2/3 이상 시, 복합건축물 건축 시, 건축연면적 165㎡ 이상일 경우 아래와 같이 건축법 준용 - 2,000㎡ 이상 15% 이상, 1,000~2,000㎡ 10% 이상, 1,000㎡ 이하 5% 이상

3) 대지 안의 공지

이 규정은 대지 내 건축선, 인접대지경계선에서의 이격거리를 규정하므로 건물배치와 대지 내 공지를 동시에 규제하고 있다. 그러나 실질적으로 소형 필지 내에서 이 규정은 오픈스페이스의 확보보다는 건축선과 인접대지 경계선에서의 이격거리를 규제한다.

1975년 건축법 개정에서 대지 내 공지 규정을 신설하고 1976년 건축법 시행령에서 주택유형별 구분 없이 처마와 외벽으로부터의 이격거리를 규정하였다. 초기에는 주택유형에 상관없이 규정하였으나 1981년부터는 단독주택과 공동주택을 분리하여 규정하였다. 1985년 다세대주택 도입 당시 다세대 주택은 완화된 기준을 적용하였다. 다세대주택의 대지 내 공지 규제는 <표 6-6>과 같이 지속적으로 변화하였다. 1986년 강화되었던 기준은 1990년 주택 공급량 증대를 목적으로 완화되었다. 1990년 시행령 개정에서 아파트의 이격거리를 기존의 3m에서 6m로 강화하였으나 1992년 종전 규정인 3m로 다시 완화하였다. 대지 내 공지규정은 1999년 규제 완화 차원에서 삭제되었으나 2005년 다시 부활되어 현재는 1m를 이격하도록 규정하고 있다.

<표 6-6> 일반주거지역 대지 내 공지 규제의 변화(건축법 시행령)

연도	내용
76. 4.	- 처마끝 0.3m 이상, 외벽 0.5m 이상
80. 11.	- 처마끝 0.2m 이상, 외벽 0.5m 이상
81. 10.	- 처마끝 0.2m 이상, 외벽 0.5m 이상 - 공동주택(2층 이하): 처마끝 1.5m 이상, 외벽 2m 이상 - 공동주택: 처마끝 2m 이상, 외벽 3m 이상
85. 8.	- 다세대주택: 처마끝 0.5m 이상, 외벽 1m 이상

86. 8.	– 다세대주택(개구부유): 처마끝 1m 이상, 외벽 2m 이상(심의 시 1m) – 다세대주택(개구부무): 처마끝 0.5m 이상, 외벽 1m 이상
88. 2.	– 다세대주택(2층 이하 3세대 이상): 처마끝 0.5m 이상, 외벽 1m 이상 – 다세대주택(3층 4세대 이상) 　: 처마끝(개구부 유 1m 이상, 개구부 무 0.5m 이상) 　: 외벽(개구부 유 2m 이상, 개구부 무 1m 이상)
90. 1.	– 처마끝 0.2m 이상[아파트: 5m 이상 or H/2 중 작은 것, 연립주택: 2m 이상 　(2층 이하 1.5m)] – 외벽 0.5m 이상[아파트: 6m 이상 or H/2 중 작은 것, 연립주택: 3m 이상 　(2층 이하 2m)]
92. 5.	– 외벽 0.5m 이상(아파트 3m, 연립 1m, 이상 조례로 위임)
99. 4.	폐지
05	– 1m 이격규정
06. 5.	– 다세대주택의 경우 인접대지경계선에서 1m 이격

4) 공개공지

　공개공지는 건축법과 조례를 통해 규정하고 있다. 1991년 건축법 제67조에 처음으로 공개공지조항이 신설되었으며 1992년 건축법 시행령에서 공개공지 설치 대상을 연면적 5,000㎡ 이상의 다중이용시설로 하고 설치면적을 대지면적 10% 이하 범위 내에서 조례로 정하도록 하였다. 서울시 건축조례에는 <표 6-7>에서와 같이 공개공지 설치 대상, 설치면적, 설치기준, 공개공지 설치에 따른 용적률과 건물 높이 완화규정을 정하고 있다. 주상복합 오픈스페이스의 주요부분을 차지하는 공개공지는 주택단지 내 공개공지라는 모호한 성격을 지니고 있다.

　공개공지는 다중이용시설 내 오픈스페이스를 확보하기 위한 규정인데 주상복합의 경우는 주거외의 다른 용도가 설치되므로 이 규정을 적용받게 된다. 공개공지의 설치 활성화를 위해 일정면적 이상 조

〈표 6-7〉 서울시 공개공지 설치 기준

항목	내용
대상	- 연면적 합계 5,000㎡ 이상인 다중이용시설
공개공지 규모	- 5,000~10,000㎡ 미만: 대지면적 5% - 10,000~30,000㎡ 미만: 대지면적 7% - 30,000㎡ 이상: 대지면적 10%
설치기준	- 도로에서 접근 및 이용이 편리한 장소 - 1개소 최소면적 45㎡ 이상, 최소폭 5m 이상 - 필로티인 공개공지: 유효높이 6m 이상 - 벤치, 파고라, 시계탑, 분수 등 편리한 시설 설치
완화규정	- 용적률 [1+{공개공지 등 면적-(공개공지 등 설치의무면적, 의무대상이 아닌 경우 대지면적의 5%)}/대지면적]×제56조 규정에 의한 용적률 - 건축물 높이 [1+{공개공지 등 면적-(공개공지 등 설치의무면적, 의무대상이 아닌 경우 대지면적의 5%)}/대지면적]×제51조 규정에 의한 용적률 - 제1호 및 제1호의2의 건축기준 완화적요에 있어 공개공지 등의 면적은 법 제32조의 규정에 의한 조경면적을 제외한 면적으로 산정하며, 옥내의 공개공지(필로티 구조로 된 공개공지) 등의 면적은 2분의 1만 산입한다.

성 시에는 건폐율, 용적률, 도로사선제한을 완화해 주었으나 1995년 건폐율 완화 규정은 삭제되었다.

5) 주차장

주차장에 대한 규정은 1967년 건축법에 주차장 관련 규정이 신설된 후 1968년에 건축법 시행령에서 구체적인 규모와 내용을 규정하였다. 1979년에는 주차장법이 건축법으로부터 독립하여 제정되었고 이에 따라 1980년에는 서울시 주차장 설치 및 관리 조례가 제정되었다. <표 6-8>에서와 같이 주차장 기준은 지속적으로 강화되었으며 가장 큰 변화는 1997년 조례개정에서 주차장 산정 기준을 연면적 기준에 세대수 기준을 함께 적용시키도록 한 것이다. 1999년부터는 다가구주택과 다세대주택에 동일한 주차기준을 적용하도록 개정하면서 동시에 세대당 0.7대로 기준을 강화하였고 2002년부터는 세대당 1대로 규정하고 있다. 주택유형보다는 실질적인 주거밀도에 대응하는 주차기준으로 개정되어 왔다.

한편, 공동주택에서 주차수요가 꾸준히 증가하게 되자 89년 주택건설기준에 관한 규칙의 개정으로 공동주택에 관한 주차장 설치기준이 <표 6-9>와 같이 주차장법보다 강화되었다. 아파트의 경우는 건축 연면적 기준보다는 주택규모에 비례하여 주차대수를 규정하였다. 1989년 주택규모별로 주차대수 산정 기준을 보면 1980년대 후반에는 40㎡ 이하 0대, 40~85㎡ 0.4~0.6대, 85㎡ 초과 1~2대로 기준이 마련되었다. 아파트 주차대수 산정기준도 지속적으로 강화되어 현재는 세대당 주차대수가 1대 이상으로 변경되었지만 1980년대에 건설된 단지는 대부분 주차장 부족문제가 심각하다.

주차장 기준이 강화되어 주차 소요면적이 증가함에 따라 지상의 오픈스페이스가 대부분이 주차장화되어 오픈스페이스가 없어지는 것을 막기 위하여 91년 1월 주택건설기준 등에 관한 규정 제정 시에는 세대당 전용면적 85㎡ 초과 주택을 300세대 이상 건설 시 법정주차대수의 3/10 이상을 지하에 설치하도록 하는 의무조항을 신설하여 대부분의 외부공간이 주차장화하는 것을 방지하고 고밀주택개발에 따르는 최소한의 녹지공간을 확보하고자 하였다.

<표 6-8> 다가구, 다세대 주택의 주차장 규제의 변화

시기	주택유형	주차장 설치 기준
1984. 12.	단독	- 250㎡당 1대(주차장정비지구)
	다세대	- 전용면적 85㎡ 미만: 건축물연면적 250㎡마다 1대 - 전용면적 85㎡ 이상: 건축물연면적 150㎡마다 1대
1991. 7.	단독 다가구	- 건축면적 200㎡ 이하: 1대 - 건축면적 200㎡ 초과: 1대 + 200㎡ 초과하는 150㎡당 1대
	다세대	- 건축면적 150㎡당 1대
1993. 3.	단독 다가구	- 건축면적 180㎡ 이하: 1대 - 건축면적 180㎡ 초과: 1대 + 180㎡ 초과하는 120㎡당 1대
	다세대	- 건축면적 130㎡당 1대
1997. 1.	단독	- 건축면적 120㎡ 초과 180㎡ 이하: 1대 - 건축면적 180㎡ 초과: 1대 + 180㎡ 초과하는 120㎡당 1대
	다가구	- 세대당 0.6대(세대당 기준 우선) - 건축연면적 87㎡ 초과 133㎡ 이하: 1대 - 건축연면적 133㎡ 초과: 1대 + 133㎡ 초과 90㎡당 1대
	다세대	- 세대당 0.7대(세대당 기준 우선) - 건축연면적 85㎡당 1대
1999. 11.	다가구 다세대	- 세대당 0.7대(세대당 기준 우선) - 시설면적 87㎡ 초과 134㎡ 이하: 1대 - 시설면적 134㎡ 초과: 1대 + 134㎡ 초과하는 90㎡당 1대
2002. 9.	다가구 다세대	- 세대당 1대(세대당 기준 우선) - 시설면적 87㎡ 초과 134㎡ 이하: 1대 - 시설면적 134㎡ 초과: 1대 + 134㎡ 초과하는 90㎡당 1대

<표 6-9> 아파트 주차장 설치기준의 변화

연도	기준	60m² 이하	60~85m²	85m² 초과
1989	세대당 전용면적	0~0.4대	0.6대	1~2대 이상
1991	주택 전용면적의 합계	1대/115㎡	1대/100㎡	1대/85㎡~1대/75㎡
1993	주택 전용면적의 합계	1대/100㎡	1대/85㎡	1대/75㎡~1대/70㎡
1994	주택 전용면적의 합계	1대/75㎡	1대/65㎡	
1996	주택 전용면적의 합계	1대/75㎡(세대당 0.7대 이상)	1대/65㎡(세대당 1대 이상)	
2002	주택 전용면적의 합계	1대/75㎡(세대당 1대 이상)	1대/65㎡(세대당 1대 이상)	

자료: 서울특별시, 2009c, p.148.

6) 놀이터, 주민운동시설, 옥외생활공간

아파트 단지 내 주요 오픈스페이스인 놀이터와 주민운동시설 규정은 현재 수택건설규정 안에 있으며 세대수를 기준으로 적용하고 있다. 따라서 세대수가 많을수록 놀이터나 주민운동시설의 설치면적이 증가하게 된다. 아파트 놀이터 설치에 대한 규정은 1977년 주택건설촉진법에서 설치규정을 도입한 이후 최소면적규정과 세대당 기준 면적을 적용하여 설치 면적을 규정하고 있다. 그러나 주상복합의 경우는 동일한 아파트임에도 불구하고 아파트보다 완화된 설치 규정을 적용받고 있다.

주민운동시설은 1979년 '주택건설 기준에 관한 규칙'에서 체육시설로 신설되었다가 1991년 주택건설규정에서 주민운동시설로 명칭이 변경되어 부대복리시설로 규정되어 있다. 1979년 제정 당시에는 500세대를 기준으로 하여 165㎡를 기본설치면적으로 300세대마다 100㎡를 가산하도록 하였으나 1985년 개정에서 300㎡를 기본설치면적으로 200세대마다 150㎡를 가산하도록 강화되어 현재에 이르고 있다. 주민운동시설 또한 세대수 규정에 의해 설치면적이 달라지고 있는데 지속적으로 강화되고 있다.

옥외생활공간 확보는 서울시 공동주택 심의에 의해 규정되는데 옥외생활공간 확보율은 15% 이상으로 규정하고 있으며 대지면적 3만㎡ 이하인 아파트 단지의 경우 20%로 규정하고 있다.

〈표 6-10〉 아파트 놀이터 설치기준의 변화

연도	규정 내용
1977	- 1개소 면적 150㎡ 이상 - 100세대 이하: 세대당 3.3㎡ / 이상: 330㎡ + 3세대당 3.3㎡
1982	- 100세대 이상의 경우는 1개소당 면적 330㎡
1984	- 300세대 이상: 330㎡ + 1세대당 1.1㎡
1991	- 300세대 미만: 인접하여 어린이공원(도시공원법 기준) 있으면 제외 - 100세대 미만: 세대당 3㎡ / 이상: 300㎡ + 100세대 이상 세대당 1㎡ - 1개소 최소면적: 300㎡ 이상

자료: 김동찬 외, 2009, 자료편집.

3. 도로 규제

도로는 도시지역 내 가구 및 필지 분할의 기본적인 요소로서 도로 사선제한과 같이 도로를 기반으로 한 건물 높이 규제의 기반이 되므로 사실상 필지와 함께 경관요소 규제의 기본이 된다. 도로의 설치 관련 규정은 <표 6-11>과 같이 도시 관점에서 접근하는 도시계획시설기준과 아파트 단지 관점에서 접근하는 주택건설규정, 개별 필지 관점에서 접근하는 건축법 내 규정으로 나뉜다.

건축법에서는 건축이 가능한 대지의 도로폭을 규정하고 있으며 주택건설규정에서는 단지 내 도로 및 진입도로에 대한 규정을 적용하고 있다. 도시계획시설기준의 경우 도시 내 도로의 배치간격, 용도지역별 도로율 등을 주요 내용으로 하고 있다. 현재 기존 도로망의 보존을 위한 규정은 명시적으로 존재하지 않아 주거지개발과 더불어 주거지내 도로체계는 소멸되고 새로운 도로체계가 형성되는 양상이 지속된다고 할 수 있다.

〈표 6-11〉 주택유형별 도로 규제의 주요 특성

주택유형	규제 내용	관련법제
범용적 규제	- 대지와 도로관계규정 - 지형과 도로구조, 너비	건축법
	- 도로의 구분 - 도로의 일반적 결정기준 - 용도지역별 도로율 - 도로의 구조 및 설치에 관한 기준	도시계획시설기준
아파트	- 주택단지의 구분이 되는 도로 - 진입도로 - 주택단지 안의 도로	주택건설규정

1) 건축법 내 도로 규정

건축법에서는 대지와 도로의 관계에 대한 규정을 통해 통과도로, 막다른 도로에 대한 규정을 적용하고 있다. 이를 통해 개별 필지가 접하는 도로의 조건을 규정하고 있다. 통과도로에 대한 규정은 조선시가지계획령에서부터 4m로 규정되어 현재에 이르고 있다. 막다른 도로에 대한 규정은 1973년 건축법 시행령에서 도로의 길이와 건축물의 연면적에 따라서 도로폭에 대한 기준을 세분화하였으나 1976년 시행령 개정에서 연면적 기준을 삭제하고 도로의 길이에 따른 도로폭에 대한 기준으로 개정하여 현재에 이르고 있다.

〈표 6-12〉 도로의 너비 관련 기준의 변화

연도	내용			
1962. 1.	통과도로 폭 4m 이상			
1973. 9.		10m 미만	10m 이상 35m 미만	35m 이상
	연면적 200㎡ 미만	2	3	6
	연면적 200㎡ 이상	3	4	6
1975. 12.	보행, 자동차 통행이 가능한 폭 4m 이상			
1976. 4.	10m 미만 2m, 10m 이상 35m 미만 3m, 35m 이상 6m			

2) 주택건설규정 내 도로 규정

주택건설규정에서 아파트 단지 진입도로와 단지 내 도로의 설치 조건을 규정하고 있다. 단지 진입도로에 규제는 76년 도입 이후 규제의 내용과 방식이 변하였다. 초기에는 일률적으로 6m 이상의 폭을 확보하도록 규제하였으나 1978년 이후 단지 내 세대수에 따른 폭원 규제가 시행되고 있다. 또한 78년 이후 단지 내 진입도로가 2개 이상일 경우와 1개일 경우로 구분하여 규제하고 있다. 현재는 단지 내 진입도로의 수와 단지 세대수에 따라 진입도로의 폭을 규정하고 있다. 이는 아파트단지의 개발로 인한 도로용량의 과부하를 막고 적절한 기반시설을 갖추게 하기 위한 것이라 볼 수 있다.

단지 내 도로에 관한 사항의 변천은 단지 내 중심도로, 집분산로에 대한 폭원 규제로 제정되었다. 그러나 76년 개정 이후 도로의 길이에 따른 폭원 규제로 내용이 바뀌었다가 80년 이용세대수에 따른 폭원 규제로 개정되어 적용되어 왔다. 그러나 2007년 단지 내 세대수에 기반한 단지 내 도로폭 기준을 삭제하고 6m 이상으로 규정하고 있다. 또
한 이 외에도 단지 내 도로의 보도설치 규정이 있다. 지속적으로 단

지 내 도로 규정은 강화되는 추세로 변하였다.

<표 6-13> 주택단지 진입도로 기준의 변화

연도	도로 설치 규정
1976	- 단지에 진입하는 도로는 6m 이상
1978	- 주진입도로의 폭 6m 이상 - 진입도로가 1개인 경우: 300세대 미만 8m, 1,000세대 미만 10m, 1,000세대 이상 15m
1979	- 폭 8m 이상의 주진입도로 2개 이상 설치 - 진입도로 1개인 경우: 500세대 미만 10m, 1,000세대 미만 12m, 1,000세대 이상 18m

연도	1989

세대수	100 미만	500 미만	1,000 미만	1,000 이상
진입도로 1개	6m	8m	12m	18m
진입도로 2개(합계 폭)	12m		16m	22m
단, 폭 4m 이상인 진입도로가 2개 이상인 경우에 한함.				

연도	1991

세대수	300 미만	500 미만	1,000 미만	2,000 미만	2,000 이상
진입도로 1개	6m	8m	12m	15m	20m
진입도로 2개(합계 폭)	12m		16m	20m	25m
단, 폭 4m 이상인 진입도로가 2개 이상인 경우에 한함.					

〈표 6-14〉 주택단지 내 도로 기준의 변천

연도	설치기준
1973. 7.	− 주요간선도로 12m 이상, 보조간선도로 8m 이상 	이용 세대수	도로폭
10세대 미만	4m(연장 50m 이하)
10~100세대 미만	6m 이상
100세대 이상	8m 이상	
1976. 9.	− 길이 10m 초과도로 4m 이상 / 길이 35m 초과도로 6m 이상 − 단지 내 길이 100m 이상의 주간선도로에는 보도설치 − 길이 100m를 초과하는 막다른 부분에는 자동차가 회전할 수 있는 광장 설치
1978. 10.	− 1,000세대 미만 주도로 8m 이상 − 1,000세대 이상 주도로 15m 이상
1978 10.	− 길이 10m 초과도로 4m 이상/ 길이 35m 초과도로 6m 이상 − 길이 100m를 초과하는 막다른 부분에는 자동차가 회전할 수 있는 광장 설치
1979. 8.	− 1,000세대 미만 주도로 12m 이상 − 1,000세대 이상 주도로 18m 이상 − 길이 35m 미만도로 6m 이상 / 길이 35m 초과도로 8m 이상 − 주도로와 100m 이상인 부도로에는 보도설치
1979. 8.	− 길이 100m를 초과하는 막다른 부분에는 자동차가 회전할 수 있는 광장 설치
1980. 6.		이용세대수	도로폭	이용세대수	도로폭
---	---	---	---
100세대 미만	4m 이상	500~1천 세대 미만	12m 이상
100~200세대 미만	6m 이상	1천 세대 이상	15m 이상
300~500세대 미만	8m 이상			 − 주택단지 안의 폭 12m 이상의 도로에는 보도설치 − 길이 100m를 초과하는 막다른 부분에는 자동차가 회전할 수 있는 광장 설치
1986. 6.	− 세대수별 도로폭 기준은 상동 − 주택단지 안의 폭 12m 이상의 도로에는 보도 설치 − 이용세대수가 100세대 미만이라도 길이 35m 이상일 때는 폭 6m 이상
1998. 8.	− 세대수별 도로폭 기준은 상동 − 주택단지 안의 폭 8m 이상의 도로에는 1.5m 이상의 보도 설치 − 이용세대수가 100세대 미만이라도 길이 35m 이상일 때는 폭 6m 이상
2007. 7.	− 단지 내 도로는 6m 이상 − 주택단지 안의 폭 8m 이상의 도로에는 1.5m 이상의 보도 설치 − 이용세대수가 100세대 미만이라도 길이 35m 이상일 때는 폭 4m 이상

3) 도시계획시설 기준 내 도로 규정

'국토의 계획 및 이용에 관한 법률' 산하 규정인 도시계획시설 기준 내 도로규정은 건축법, 주택건설규정 내 도로 관련 규정과 달리 용도지역에 따른 기준을 적용하고 있다. 따라서 필지나 단지 단위 주거지의 도로에 미치는 영향은 적고 가구계획에 영향을 미친다. 주요 규정으로는 <표 6-15>와 같이 간선, 보조간선, 집산, 국지도로의 간격을 규정하거나 <표 6-16>과 같이 용도지역별로 도로율을 규정하고 있으며 단서조항으로 건축물의 용도, 밀도, 주택형태 및 지역여건에 따라 증감할 수 있게 하고 있다.

〈표 6-15〉 도로 간의 배치간격 기준

구분	배치간격(m)
주간선도로와 주간선도로의 간격	1,000 내외
주간선도로와 보조간선도로의 간격	500 내외
보조간선도로와 집산도로의 간격	250 내외
국지도로의 배치거리	장축 120~150, 단축 30~60

〈표 6-16〉 용도지역별 도로율

용도지역	도로율
주거지역	20% 이상 30% 미만(주간선도로의 도로율은 10% 이상 15% 미만)
상업지역	25% 이상 35% 미만(주간선도로의 도로율은 10% 이상 15% 미만)
공업지역	10% 이상 20% 미만(주간선도로의 도로율은 5% 이상 10% 미만

07
단독주택지의
주택유형 변화

7장에서는 주택유형, 건물, 필지, 도로, 오픈스페이스의 변화 양상을 사례연구를 통해 설명하였다. 사례연구 대상지는 앞에서 설명한 바와 같이 단독주택지, 합동재개발, 아파트 재건축, 주상복합 4개의 유형을 선정하였다. 사례 연구대상지는 <표 7-1>과 같이 화곡, 옥수, 잠실, 도곡지역이다.

<표 7-1> 사례연구 대상지

형성 및 변화		화곡	옥수	잠실	도곡
형성	시기	1966~70	1960년대~	1975~76	1993~2004
	개발방식	토지구획사업	자생적 주거지	토지구획사업 아파트지구	필지단위 복합용도개발
	주택유형	단독주택	단독주택	아파트	주상복합
변화	시기	1970~2000년대	1980~90년대	2000년대	–
	개발방식	필지단위 단독주택지 개발	단지단위 합동재개발	재건축사업	–
	주택유형	다가구·다세대	아파트	아파트	–

1. 화곡 토지구획정리사업

　서울시 단독주택지의 주택유형 변화 양상을 알아보기 위해 1960년대 조성된 화곡 토지구획정리사업지구를 살펴보았다. 화곡지구는 1965년부터 66년에 걸쳐 일단의 주택지조성사업으로 조성된 화곡 10만 단지와, 1966년부터 70년에 걸쳐 토지구획정리사업으로 조성된 화곡 30만 단지를 지칭한다. 정확하게 말하면 화곡 토지구획정리사업지구는 화곡 30만 단지를 의미한다.

　화곡지구는 초기 토지구획정리사업지구이지만 조성 당시의 도로와 필지 패턴을 비교적 잘 유지하고 있다. 1976년 당시 단독주택지로 개발된 화곡지구의 전경은 <그림 7-1>과 같다. 35년이 지난 시점의 이 지역은 <그림 7-2>와 같이 변모하였다.

　원경으로 보이는 산 아래 지역이 아파트로 변한 것을 확인할 수 있다. 또한 기본적인 필지조직과 도로체계는 변하지 않고 건물들이 변한 것을 확인할 수 있다. 건물들은 대부분 단독주택에서 다가구, 다세대주택으로 변화하였다. 이처럼 서울시 단독주택지의 많은 지역들이

자료: 서울특별시, 2008, p.483.

〈그림 7-1〉 화곡동 일대, 1976년

〈그림 7-2〉 화곡동 일대, 2010년

이와 같은 변화를 겪어 왔고 화곡지구는 서울 단독주택지 경관변화의 대표적 특성을 보여 주고 있다. 이 책에서는 토지구획정리사업으로 조성된 30만 단지에서 한 가구(block)를 선정하여 분석하였다. 분석 대상지인 366번지 가구는 <그림 7-3>과 같이 화곡 토지구획정리사업지구의 중심부에 있으며 2종 일반주거지역(7층 이하), 최고고도지구, 공항시설보호지구로 지정되어 있다. 8m와 6m 도로로 구획되었으며 내부는 4m 도로로 구획되어 4개의 소가구로 형성되어 있다. 단변 115m, 장변 180m 정도의 남동향 가구로서 면적은 20,700㎡ 이다.

1985년 10월 서울시 촬영사진인 <그림 7-4>를 보면 기와지붕 및 경사지붕으로 이루어진 1, 2층의 단독주택으로 구성되어 있다. 2010년 사진인 <그림 7-5>를 보면 평지붕 중심의 다가구, 다세대주택으로 변화한 것을 알 수 있다.

〈그림 7-3〉 화곡 토지구획정리사업 지구 내 연구대상지 위치도

〈그림 7-4〉 1985년 화곡 366가구
항공사진

〈그림 7-5〉 2010년 화곡 366가구
항공사진

2010년 현재 화곡 366번지 가구의 주택유형은 다가구, 다세대주택이 대다수를 차지하고 있다. 전체 92동의 건물 중에서 다가구주택은 34동(40%), 다세대주택은 29동(31.5%), 단독주택은 14동으로 전체 주택의 70% 이상이 다가구, 다세대주택이다. <표 7-2>와 같이 나머지는 단독주택과 주택의 아래층을 상업시설로 이용하고 있는 근생주택이나 근린생활시설로 구성되어 있다. <그림 7-6>에서 전형적인 다세대, 다가구, 단독주택을 볼 수 있다.

〈표 7-2〉 화곡동 366가구 주택유형의 비율

주택유형	동수		비율
단독주택	14		15.2%
다가구주택	34		40.0%
다세대주택	29		31.5%
근생주택(단독형)	6	11	12%
근생주택(다가구형)	5		
근린생활시설	4		4.3%
합계	92		100%

〈그림 7-6〉 화곡동 366가구 내 다세대, 다가구, 단독주택

2. 1980년대 주택유형의 변화

화곡 366가구의 시기별 신축 주택유형의 변화는 〈표 7-3〉을 통해 알수 있다. 1970년대에는 단독주택만이 신축되었으며 이 같은 양상은 1980년대 중반까지 이어졌다. 80년대 중반에 들어 다가구와 다세대 주

택이 신축되며 주택유형이 본격적으로 변화하기 시작하였다. <표 7-4>
를 보면 80년대 신축 주택유형을 알 수 있다. 85년 다세대주택 도입 이
후 주택유형은 단독주택에서 다가구, 다세대주택으로 급격히 변화하였
다. 다세대주택 도입 이후 366가구에서 단독주택 신축은 없었다. 건축
물대장을 통해 확인된 수치로는 단독주택이 19동, 다세대주택이 7동이
신축되었으나 현장조사 결과 1980년대 신축된 19동의 단독주택 중 실
질적인 단독주택은 4동에 불과하고 나머지 15동은 독립적인 출입구를
가진 다가구주택으로 확인되었다.[10] 1980년대 후반에는 다세대주택의
도입에도 불구하고 오히려 다가구 주택이 증가하는 현상이 나타나는
데 다가구 거주 단독주택 신축이 지속되었음을 보여 준다.

<표 7-3> 화곡동 366가구 내 주택유형별 건축시기

주택유형	60년대	70년대	80년대	90년대	2000년대	합계(비율)
단독주택		10	4			14(15%)
다가구			15	19		34(37%)
다세대			7	12	10	29(32%)
근생주택	1		6	2	2	11(12%)
근생시설			1	3		4(4%)
합계(비율)	1(1%)	10(11%)	33(36%)	36(39%)	12(13%)	92(100%)

<표 7-4> 화곡동 366가구의 80년대 주택유형별 신축연도

주택유형	83년	85년	86년	87년	88년	89년	합계
단독주택	2	2					4
다가구주택				1	8	6	15
다세대주택			6	1			7

---

10) 80년대 다가구주택은 단독주택을 개조한 것으로 단독주택으로 허가 후 다가구주택으로 개조한 단독형 다
가구주택이라고 할 수 있다. 건축물 대장상에는 단독주택으로 명기되어 있어 현장조사를 거친 주택유형
구분이 필요하다.

85년 새로운 주택유형인 다세대주택의 도입에도 불구하고 다세대 주택은 86년 6동, 87년 1동이 신축되는 걸로 그쳤다. 반면에 87년부터 89년까지 약 3년 동안 다가구주택은 다세대주택의 2배에 달하는 15 동이 신축되었다. 이처럼 86년 이후 다세대주택이 급감한 원인은 86 년의 다세대주택 건축허가 지침과 관련이 있는 것으로 보인다.

서울시는 1986년 8월 <표 7-5>와 같이 '다세대 주택 건축허가 처리 지침'을 발표하였다. 허가지침은 일반적 기준과 심의 시 부가 적용되 는 특례기준으로 나누어졌으며 전반적으로 건축법 시행령보다 강화 된 기준이 적용되었다(서울특별시, 1989, pp.144~149). 층수는 시행령 의 3층보다 강화된 2층으로, 건폐율은 건축법상의 60%보다 강화된 50%가 적용되었다. 또한 대지 내 공지 규정도 강화되었다.

〈표 7-5〉 1986년 서울시 다세대주택 건축허가 지침

규제 항목	내용	기준
정의(시행령)	- 연면적 330㎡ 이하 - 2~16세대 미만, 3층 이하	일반
적용범위	- 대지 경계선으로부터 30m 이내 건물의 70% 이상이 단독주택인 경우	특례
대지면적 최소한도	- 지역, 지구별 제한규정에 따름.	일반
건폐율	- 50% 이하(4대문 내 45% 적용)	일반
층수 제한	- 2층 이하 - 건축위원회 심의 시 3층까지 허용	일반
층수 제한	- 평균층수제(인접대지 건물의 평균층수를 최고층수) - 건축물의 높이는 인접건물 중 제일 높은 건물을 넘지 못함.	특례
건축면적	- 인접 세대 평균면적의 70% 이상	특례
세대수	- 6세대 이하	특례
대지 내 공지	- 인접대지 경계선에서 2m 이상 이격 - 2층 이하 3세대 이하인 경우 1m 이상 이격(건축위원회 심의 시 개구부 없는 벽체, 계단의 경우 1m로 완화)	일반
발코니, 외벽배치	- 측벽 발코니 설치 규제 - 세대당 2면 이내의 외벽에 한하여 설치 허용	특례

이에 더해 심의 시 적용되는 특례기준은 평균층수제 도입과 건축면적, 세대수 규제 등 일반적 기준보다 강화된 기준을 적용하였다. 인접대지 건물의 평균층수를 최고층수로 하며 인접건물 중 제일 높은 건물의 층수를 넘지 못하게 하는 규정과 건축면적은 인접 세대 평균면적의 70% 이상, 세대수는 6세대 이하 등 엄격한 기준을 적용하였다. 이 기준은 1990년 완화 전까지 시행되었는데 이를 적용한 다세대주택은 건폐율 50% 이하, 2층, 지하층을 포함하여 층별 2세대가 거주하는 6세대의 공동주택이다. 또한 발코니와 측벽 기준은 현재의 아파트와 유사하여 전면과 후면에 발코니가 배치되고 측벽에는 채광창이 없는 다세대 주택이라고 할 수 있다.

단독주택에 준하는 주택 규모와 배치를 유도하기 위한 허가 지침 시행 이후 90년까지 화곡 366가구에서 다세대주택은 신축되지 않았다. 87년에 신축된 다세대주택도 86년 8월 이전에 허가를 받은 것이었다. 다세대주택이라는 새로운 주택유형을 도입하였지만 허가 기준을 강화함으로써 1980년대 후반에는 단독주택 허가를 통한 다가구주택이 주로 신축되었다.

3. 1990년대 이후 주택유형의 변화

1990년 이러한 불법적인 전용을 양성화하기 위해 다가구주택이 공식적으로 도입되었고 80년대 후반의 다가구 붐은 90년대 초에도 지속되었다. 90년대 다가구, 다세대 주택 신축을 보면 다가구주택은 19동, 다세대주택은 12동이 신축되었다. 366가구 내 전체 다가구, 다세

<table>
<tr><td align="center">〈표 7-6〉 화곡동 366가구의 90년대 주택유형별 신축연도</td></tr>
</table>

유형	90	91	92	93	94	95	96	97	99	합계
다가구	7	4	1	2	1		1	3		19
다세대	2				1		4	3	2	12

대주택의 50%에 이르는 수치로서 90년대에 다가구, 다세대주택이 집중적으로 신축되었음을 알 수 있다. 시기별로 차이가 있는데 <표 7-6>과 같이 90년대 초반에는 다가구주택이, 90년대 후반에는 다세대주택 중심으로 신축되었다.[11]

90년대 초반, 다가구 주택의 증가는 다가구 주택 도입의 직접적인 효과라기보다는 다가구와 다세대주택의 규제 차이가 영향을 준 것으로 볼 수 있다. 1990년 3월 다가구주택 건축기준을 제정하고 4월에는 이 기준을 완화하였다. 이와 동시에 7월에는 다세대주택에 대한 규제를 다가구 주택과 동일한 수준으로 완화하였다. 이것은 규모나 성격에서 큰 차이가 없는 주택유형에 대한 형평성 차원의 조치라고 볼 수 있다. <표 7-7>에서와 같이 다세대 주택의 층수 규제는 3층에서 4층 이하로 상향조정되었고, 건축 연면적의 범위는 330㎡에서 660㎡ 이하로, 건폐율은 50% 이하에서 60% 이하로 완화되었다. 즉, 다세대주택의 공급을 확대하기 위해 층수, 연면적, 건폐율의 범위를 증가시키는 방향으로 규제가 완화되었다.

그러나 이 같은 다세대주택에 대한 규제 완화에도 불구하고 90년대 중반까지는 다세대주택에 비해 다가구주택의 신축이 증가하였다. 서울시 전체적으로도 유사한 양상이 나타났다. 1985년에서 1993년까

---

11) 90년 신축된 다가구주택 7동은 다세대주택 허가지침 완화 전에 허가를 받았고 91년에 신축된 다가구주택 2동도 89년과 90년 이전에 허가를 받은 것이다.

〈표 7-7〉 90년대 다가구, 다세대주택 건축기준의 변화

연도	내용
1990. 3.	■ 다가구주택 건축기준 제정(건설부) − 3층 이하, 330㎡ 이하, 2~9가구 − 가구당 전용면적 18.2평 이하(1가구는 25평 이하)
1990. 4.	■ 다가구주택 건축기준 완화(서울시) − 4층 이하(지상 1층에 주차장 설치 시 허용) − 660㎡ 이하, 2~19가구 − 대지 안의 공지: 연면적 331㎡ 이상, 4층 이상의 건축물은 인접대지 경계선에서 1m 이상 이격
1990. 7.	■ 다세대주택 건축기준 완화 − 건폐율은 50%에서 당해 지역지구의 건폐율 범위로 완화 − 4층 이하, 660㎡ 이하, 2~19세대, 20㎡ 이상 − 외벽 1m, 처마끝 0.5m
1996	■ 서울시 다가구주택 심의 기준 제정 − 가구당 주거면적 45㎡ 이상 − 평균층수제 − 인접대지 이격거리 1m로 강화

지 다세대주택은 17만 가구, 다가구주택은 31만 가구가 공급된 것으로 나타나고 있다(서울시정개발연구원, 1994c, p.75).

이는 다세대주택의 허가지침 완화 이후에도 다가구주택이 다세대주택보다 완화된 규정을 적용받았기 때문이다. 층수, 연면적, 세대수 규제는 동일하였지만 92년부터 인접대지 경계선에서의 건물 높이제한 규정 변경에 따라 다세대주택은 기타방향에서 이격거리 기준이 적용되고 다가구주택은 적용되지 않았다. 정북방향과 기타방향(채광창이 있는 방향)에 따라 건물과 인접대지경계선의 이격거리를 규정하는 일조권 사선제한은 건물의 배치와 높이에 영향을 주며 건축면적을 제한하는 요인으로 작용하여 개발용적에 영향을 미치는 규정이다.

일반적으로 일조권 사선제한을 덜 받는 대지는 북측 도로에 접하거나, 북측 인접 대지경계선이 짧고 남북방향이 길며, 상대적으로 면

적이 큰 대지라 할 수 있다(최창규, 2004). 화곡동 366가구 내 필지들은 북측 인접대지경계선의 길이가 유사하다. 따라서 필지 면적이 일조권 사선제한에 직접적으로 영향을 받는 요소라고 할 수 있으며 화곡동 366가구의 경우도 필지의 크기가 신축 시 주택유형의 선택에 영향을 미쳤을 것으로 판단된다. 화곡동 366가구 내 다가구주택의 필지 평균면적은 166㎡이고 다세대주택은 262.1㎡ 정도로 약 1.5배 이상의 차이가 나타나고 있다.

이처럼 90년대 다가구 주택과 다세대주택은 유사한 수준의 규제가 적용되었지만 일조권 사선제한의 차이는 신축 시 주택유형의 선택에 영향을 미치는 하나의 요인으로 작용하였다. 90년대 중후반 주택유형 변화의 특징은 주택 관련 규제의 영향이 뚜렷하다는 점인데 96년과 97년 다세대, 다가구주택의 신축이 크게 증가하였다. 이는 96년 9월 서울시의 다가구주택 건축심의 기준 강화와 97년 1월 서울시 주차장 기준의 강화에 따른 영향이라고 볼 수 있다. 97년에 신축된 3동의 다가구주택은 모두 96년 9월 강화안 발표 이전에 허가를 받았으며 97년 신축된 다세대주택 3동도 96년에 허가를 받은 것이다. 즉, 규제가 강화되기 전에 건축허가를 받기 위해 건축시기를 조절한 것으로 보인다.

서울시는 1990년대 초반 다가구 주택의 급증에 따른 문제를 해소하기 위해 1996년 '다가구주택 심의 기준'을 제정하였다. 이는 1986년의 다세대주택 건축허가지침과 유사한 대책으로 새로운 주택유형 도입에 따른 문제를 해결하기 위한 대응책이었다.

<표 7-8>의 다가구주택 심의 기준 강화안을 보면 주택면적 규제, 평균층수 규제, 인접대지에서의 이격거리 등을 강화하였다. 연면적 상한 규제가 있는 상황에서 이 기준을 적용하면 세대수와 용적 등의

〈표 7-8〉 1996년 서울시 다가구주택 심의 기준

규제방식	주요 내용
주택면적 규제	− 가구당 최소 45㎡ 이상 − 계단 유효폭: 0.75m에서 1m 이상으로 확대
층수 규제	− 평균층수제 도입 − 대지경계선 반경 30m 이내 지역 건축물의 평균층수 이하
대지 내 공지 규제	− 인접대지 경계선으로부터 이격거리 0.5m에서 1m로 강화 − 6m 미만 도로와 접한 경우 건축선으로부터 1m 이상 후퇴

밀도 감소를 야기하고 또한 97년부터 적용되는 주차장 규제가 연면적 기반 규제에서 세대수 기반 규제로 변경됨에 따라 설치 주차장은 증가하게 된다. 이와 같은 신축 시 불리한 조건으로 인해 다가구 주택은 97년 이후 화곡지구에서는 더 이상 신축되지 않았다.

90년대에는 다가구와 다세대주택 모두 신축되었으나 2000년대 들어서는 다세대주택 중심으로 신축이 이루어졌다. 2000년대 신축된 12동의 건물 중 10동이 다세대 주택이며 이는 신축건물의 80% 이상을 차지한다. 나머지 2동은 근생주택으로서 다가구주택과 상업시설이 복합된 주택이다. 다세대주택은 2000년에서 2003년 사이에 집중적으로 신축되었는데 이 기간에 10동 중 8동이 신축되었으며 2008년과 2009년 각각 1동의 다세대주택이 신축되었다. 2000년대 초반 다세대 주택 중심의 변화는 여러 가지 관점에서 해석이 가능하지만 법제적 기준 완화가 큰 작용을 한 것으로 판단된다.[12]

다세대주택에 있어서 대지 내 공지 규정의 삭제(99년), 채광창 방향 높이제한의 제외(99년), 그리고 1층 필로티 층수 제외(2000년) 등

---

[12] 2000년대 초반의 다세대주택의 건설량 급증 원인을 첫째, 2000년 이후 서울의 전셋값 급상승 둘째, 저금리와 쉬운 은행 대출로 인해 안정적인 투자처 셋째, 건축 규제에 있어서 다가구 주택보다 다세대주택의 유리함을 등을 지적하기도 한다(박인애, 2005).

의 완화가 영향을 주었다. 이 같은 규제 완화에 의해 2000년대 초반 다세대주택 신축이 증가하였다. 그러나 2003년에서 2007년까지는 신축수가 감소하였는데 이는 2003년 7월 시행된 주거지역 종세분화 기준의 시행과 2002년 9월 강화된 주차장 기준에 의한 영향이라고 할 수 있다. 2종 일반주거지역인 366가구는 용적률 200%의 규제를 적용받게 되었다. 2003년 종세분화 시행 전에 신축된 다세대주택은 225%의 용적률이며 2003년 이전의 신축된 다세대 주택의 용적률도 200%를 상회하고 있다. 2000년대 초반의 다세대주택 신축 증가는 주거지역 종세분화 이전에 0.7대에서 1대로 강화되는 2002년 9월 적용되는 주차장 기준 규정을 피하기 위한 것으로 볼 수 있다.[13) 건축물 대장 확인결과 2003년에 신축된 다세대주택도 2002년 9월 강화된 주차장 조례안 이전에 허가를 받은 것으로 나타났다.

4. 주택유형 변화와 규제의 관계

화곡 366가구의 1970년대에서 2000년대까지 신축건물의 주택유형과 2010년 현재 주택유형의 현황을 보면 <그림 7-7>과 같이 정리될 수 있다. 또한 전술한 시기별 신축주택유형의 변화와 주요 주택 관련 규제의 관계를 정리하면 <표 7-9>와 같이 요약할 수 있다.

이와 같은 화곡 366가구의 주택유형 변화 양상과 건축 규제와의

---

13) 저자가 건축설계 사무소에 근무하던 시절인 2003년에는 다세대주택 설계검토 의뢰가 폭주하였다. 그해에는 7월 이전에 용적률 200% 이상의 다세대 주택의 건축허가를 받는 것이 설계사무소들의 주요 업무 중의 하나였다.

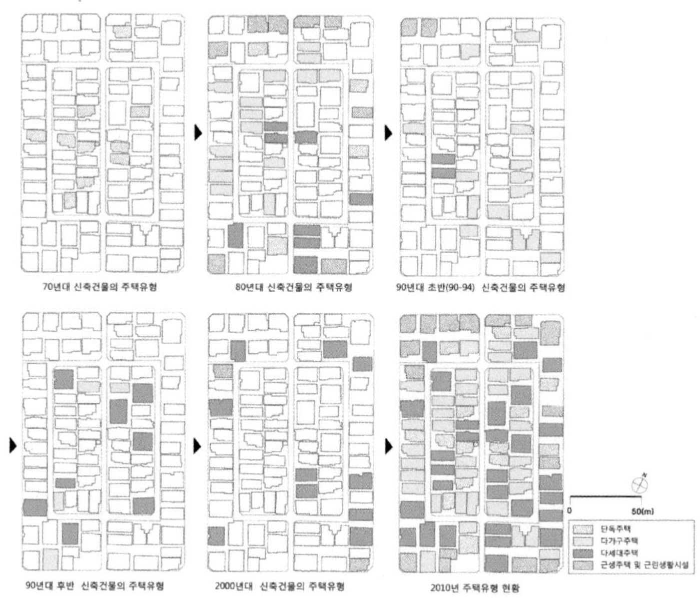

〈그림 7-7〉 화곡 366가구 시기별 신축건물의 주택유형 변화

관계가 국지적인 특성인지 서울시 전반에 걸친 현상인지를 검토하기 위해 서울시 다가구, 다세대주택의 건설실적을 규제와의 관계에서 분석하였다. 지역적 특성이나 필지, 도로 등의 여건에 따라 그 양상은 달라질 수 있겠지만 건설실적의 변화추이와 규제와의 관계를 보면 화곡동 366가구와 서울시의 전반적인 양상은 유사하게 나타났다. 따라서 화곡동 366가구를 통해 본 주택유형변화와 규제와의 관계를 지역적 특성으로 국한하기는 어렵다.

1985년에서 2004년까지의 서울시 다가구, 다세대주택 연도별 건설량을 보면(서울특별시, 2006b, p.14) 단독주택의 경우 비교적 변화폭이 크지 않지만 다가구, 다세대주택의 경우는 연도별로 변화폭이 매

우 크게 나타난다. 1985년 도입 후 3,600여 호 건설되었던 다세대주택
은 86년 34,000여 호 정도로 건설이 급증하였으나 그다음 해에는
5,500여 호로 급감하였다. 또한 99년에서 2004년 사이에 보이는 다세
대주택 건설량의 변화폭도 매우 크게 나타나고 있다. 또한 90년대 급
증하였던 다가구주택의 건설량이 2000년대 들어 대폭 감소한 것도
수요와 공급에 의한 주택시장의 정상적인 메커니즘이 작용했다고 보
기가 어렵다.

서울시 주택건설실적과 규제와의 관계를 검토하기 위해 <그림
7-8>과 <표 7-10>을 통해 1980년대 이후 단독, 다가구, 다세대주택 건
설실적과 주택 관련 규제의 관계를 정리하였다. 그림에서 잘 나타나
듯 주택유형별 건설실적은 규제의 강화 혹은 완화 등과 시기적으로
일치하는 것을 알 수 있다.

〈표 7-9〉 화곡 366가구 주택유형 변화 양상과 주택 관련 규제의 관계

주택유형 변화양상	변화에 영향을 준 관련 규제와 요인
86년 다세대주택 신축 증가	- 85년 다세대주택 도입 - 85년 다세대주택 일조권 기타방향 기준 완화 　(공동주택 중 다세대주택 제외)
87년 이후 단독형 다가구주택 증가	- 86년 다세대주택 건축허가 지침 강화
90년대 초반 다가구주택 증가	- 90년 다가구주택 도입 및 기준 완화 - 90년 다세대주택 건축기준 완화(다가구와 동일) - 92년 다세대주택 일조권 기타방향 기준 강화
90년대 중반 다세대주택 증가	- 96년 다가구주택 건축심의 기준 강화 - 97년 다가구, 다세대주택 주차장 기준 강화
2000년대 초반 다세대 주택 증가	- 99년 다세대주택 규제 완화 - 2000년 1층 필로티 층수 제외
2003년 이후 다세대주택 감소	- 2002년 주차장 기준 강화 - 2003년 주거지역 종세분화 시행으로 인한 용적률 강화 　(2종 일반주거지역: 200%)

　　85년 도입 이후 급증한 다세대주택은 86년 다세대주택 허가지침 강화 이후 급감하였다. 반면 87년부터 89년까지 단독주택의 건설량이 증가하였는데 이는 다가구주택이 공식적으로 도입되기 이전의 단독형 다가구주택의 건설량이 증가한 것으로 판단된다. 이 같은 양상은 화곡 366가구에서도 동일하게 나타난 것이다. 90년 다가구주택이 공식적으로 도입된 이후 다가구주택은 96년까지 연간 4만 호 이상씩 꾸준히 건설되었으며 90년부터 96년까지 50만 호 이상이 건설되었다. 이 양상도 90년대 초반 화곡 366가구와 동일한 양상이라고 할 수 있다. 90년대 후반의 경향도 마찬가지인데 96년 다가구주택 건축심의 기준강화와 97년의 주차장 규제 강화로 인해 다가구와 다세대 주택 모두 건설량이 급감하였다. 특히 다가구주택의 건설량이 큰 폭으로 감소하였다.

　　98년과 99년의 주택건설 실적의 저하는 외환위기 이후 경제적 여건이 반영되었다고 볼 수 있으며 99년과 2000년에 다세대주택에 대한 규제를 완화한 이후 다세대주택 건설량은 2000년 1만 7천 호, 2001년 7만 호, 2002년 10만 호까지 증가하였으며 이는 화곡지구의 2000년대 초반 다세대주택 건설 증가와 동일한 패턴을 보이고 있다. 2000년대 초반의 다세대주택 건설량 급증은 2002년 주차장 규제강화와 2003년의 종세분화를 통한 용적률 규제 강화 이후 급감하였다.

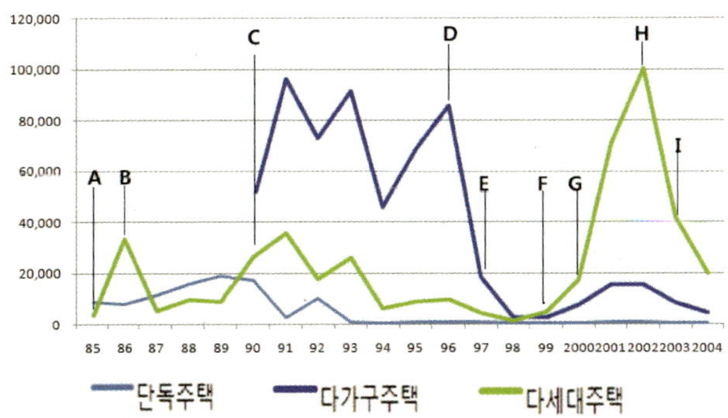

〈그림 7-8〉 서울시 주택유형별 건설실적 및 주요 규제 시점

〈표 7-10〉 서울시 주택유형별 건설량에 영향을 준 주요 규제

시기	규제내용
A(1985년)	■ 다세대주택의 도입 ■ 다세대주택 일조권 기타방향 기준 완화(공동주택 중 다세대주택만 제외)
B(1986년)	■ 다세대주택 허가지침 강화 − 건폐율(60%→50%), 층수(3층→2층, 평균층수제) 규제 강화 − 건축면적(인접세대 평균면적 70% 이하), 세대수(6세대 이하)규제 강화 − 측벽 발코니 설치 규제
C(1990년)	■ 다가구주택의 도입 ■ 다세대주택 건축기준 완화 − 다가구주택과 동일수준으로 완화 − 층수 완화(4층→3층) / 연면적 완화(330㎡→660㎡) / 건폐율 완화(50%→60%)
D(1996년)	■ 다가구주택 건축심의 기준 강화 − 주택면적 규제도입(가구당 최소 45㎡ 이상) − 층수 규제도입(평균층수제 도입) − 대지 내 공지 규제 강화(인접대지 경계선 이격거리 0.5m→1m)
E(1997년)	■ 주차장 규제 강화 − 연면적 기반에서 세대수 기반 규제로 변경 − 세대당 다가구 0.6대, 다세대 0.7대
F(1999년)	■ 다세대주택 규제 완화 − 일조권 제한 규제 완화(채광창 방향 높이 제한의 제외) − 대지 내 공지 규제 삭제
G(2000년)	■ 1층 필로티 층수 제외
H(2002년)	■ 주차장 규제 강화 − 다가구, 다세대 모두 세대당 1대
I(2003년)	■ 주거지역 종세분화 시행(용적률 강화) − 2종 일반주거지역(300%→200%)

08

재개발과
주상복합

1. 재개발과 주택유형 변화

서울시 재개발에 의한 주택유형 변화를 살펴보기 위해 1980년대 재개발된 성동구 옥수동의 옥수4구역과 1990년대 재개발된 옥수9구역을 분석하였다. 성동구는 도심과 가까워 직주거리의 이점상 1960년대 이후 자생적인 주거지가 구릉지와 하천변을 따라 형성되었다. 이와 같은 자생적 주거지는 대부분 재개발에 의해 아파트 단지로 변모하였거나 변모 중이다. 이러한 양상을 잘 보여 주고 있는 지역이 성동구라고 할 수 있다. <그림 8-1>과 같이 기존의 자생적 주거지가 아파트 단지로 변모하며 재개발에 의한 경관변화를 극명하게 보여 주는 지역이다.

<그림 8-1> 성동구 전경(응봉공원에서 바라본 전경)

　성동구는 2009년 9월 현재 54개의 주택재개발사업이 지정되어 있으며 서울시 25개 자치구 중 가장 많은 주택재개발사업이 진행된 지역이다. 성동구 내에서 옥수동은 금호동 다음으로 가장 많은 주택재개발사업이 진행되었다. 옥수동은 서울시의 기존 연구(서울시정개발연구원, 1994b; 서울특별시, 2003; 서울특별시, 2005a)에서도 경관관리의 주요한 대상으로 언급되는 지역으로서 서울의 하천변 구릉지 경관의 문제점을 대표하는 지역이다. 옥수동 내 재개발 완료지역은 10개 지역인데 합동재개발로 완료된 6개 지역 중 80년대와 90년대 각각 1개 지역씩 재개발사업 평균면적 이상인 지역을 선정하여 살펴보았다. <그림 8-2>와 같이 옥수4, 옥수9 주택재개발사업지역을 연구대상지로 선정하였다. 동호대교 북단 응봉(매봉산) 남측에 위치한 지역으로 3호선 옥수역이 대상지의 남동쪽에 있으며 25m 도로인 독서당길이 연구대상지의 남측과 북측에 위치하고 있다.

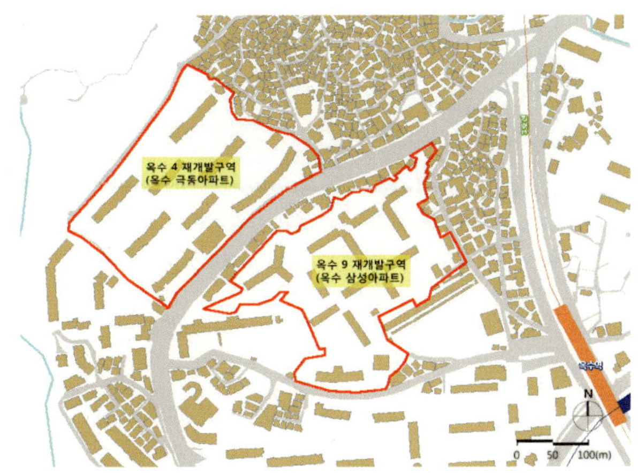

〈그림 8-2〉 옥수동지역 연구대상지

옥수동은 응봉과 달맞이봉 사이 동호대교 북단에 위치한 구릉지로
서 한강을 조망하는 지역이다. 성동구의 구릉지 주거지 경관은 1980
년대 이후 재개발사업이 본격적으로 시행되면서 <그림 8-3>과 같이
15~20층의 아파트들이 건립되어 지형적 특색인 구릉지를 훼손, 잠식
하거나 차폐시켜 버렸다.

〈그림 8-3〉 성동구 금호동, 옥수동, 행당동 전경(동호대교에서 바라본 전경)

자료: 성동구, 2006, p.45.

〈그림 8-4〉 1970년 성동구 옥수동 일대

〈그림 8-5〉 2010년 성동구 옥수동 일대

<그림 8-4>와 같이 재개발사업 이전의 옥수동의 모습은 완만한 경사지에 조성된 주거지로 이루어져 있으나 80, 90년대 재개발로 인해 많은 변화가 이루어졌다. 녹지와 산의 능선으로 이루어진 경관은 <그림 8-5>와 같이 대규모의 재개발사업에 의한 아파트 건립과 이로 인한 녹지의 잠식과 지형의 훼손, 경관 차폐 등의 문제가 나타났다.

옥수4구역은 87년, 옥수9구역은 99년에 각각 재개발이 완료되었다. 현재의 용도지역은 3종 일반주거지역으로 지정되어 있다. 옥수4구역은 대지면적 49,761㎡으로 용적률 220%에 15층 아파트 8동으로 조성되었고 900세대가 거주하고 있다. 옥수9구역은 대지면적 42,539㎡, 용적률 264%에 20층의 아파트 10동으로 구성되어 있으며 1,444세대가 거주하고 있다.

옥수4구역은 1973년 재개발구역으로 지정되었으며 87년 6월 준공되었다. 재개발구역으로 지정되어 사업이 완료되기까지 15년 정도의 시간이 소요되었다. 옥수9구역은 옥수4구역과 달리 재개발사업이 신속히 진행되었다. 93년에 구역이 지정되고 99년에 준공되었다. 옥수4, 옥수9구역은 구릉지에 고층으로 조성된 아파트 주거동에 의한 응봉(매봉산)으로의 조망경관은 차폐되어 있으며 과도한 입면적에 의해 시각적 폐쇄감이 큰 특징을 이루고 있다.

<표 8-1> 연구대상지 개요

	옥수4구역(옥수극동아파트)	옥수9구역(옥수삼성아파트)
위치	성동구 옥수동 428번지	성동구 옥수동 250번지
용도지역지구	3종 일반주거지역	3종 일반주거지역
대지면적	50,833.00㎡	48,925.00㎡
건축면적	8,802.83	9,654.06
용적률용연면적	109,484.36	130,079.20
연면적	119,456.71	177,926.94
건폐율	17.32%	19.73%
용적률	215.38%	265.87%
층수	15층	7~20층
세대수	900	1,444
세대밀도	177호/ha	295호/ha
구역지정	1973. 12.	1993. 3.
사업인가	1984. 6.	1994. 1.
준공	1987. 6.	1999. 8.

1982년의 항공사진인 <그림 8-6>을 보면 옥수4구역과 9구역은 구릉지에 자생적으로 형성된 주거지였다. 부정형의 내부가로 패턴과 구릉지에 자생적으로 지어진 주택들이 지형에 순응하여 불규칙하게 위치하고 있다. 옥수4구역의 경우는 경사가 심한 지형임이 사진 상으로도 확인이 된다. 옥수9구역은 옥수4구역에 비해 상대적으로 완만한 경사지에 위치하고 있어 대상지 자체의 표고차는 심하지 않다. <그림 8-7>과 <그림 8-8>을 보면 옥수4구역과 9구역의 재개발 후 변화가 보이는데 단독주택 중심에서 아파트로 변화한 것이 극명하게 보인다. 또한 건물, 필지, 도로, 오픈스페이스 등 경관요소가 전반적으로 변화한 것을 알 수 있다. 이처럼 재개발은 주택유형과 경관요소를 급작스럽게 변화시키는 양상으로 나타난다.

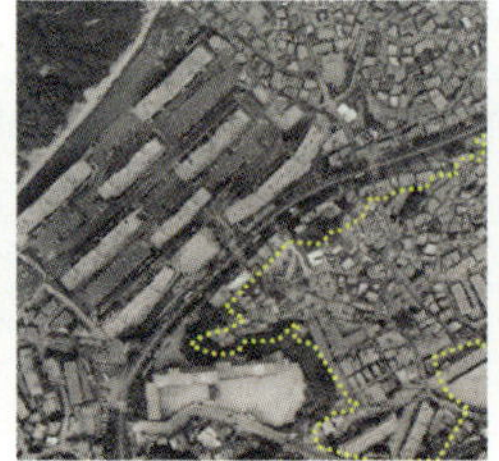

자료: 서울시.　　　　　자료: 서울시.　　　　　자료: Naver.

〈그림 8-6〉 1982년　　〈그림 8-7〉 1991년　　〈그림 8-8〉 옥수4,
재개발 전 항공사진　　　항공사진　　　　　옥수9구역 항공사진

2. 주상복합의 도입과 활성화

주상복합은 주택유형 분류상 법적인 용어는 아니며 한 건물 안에 주거시설과 상업시설이 복합된 건물을 의미한다. 주상복합은 관련 법규마다 다르게 정의하고 있다. 건축법 및 '국토의 계획 및 이용에 관한 법률' 시행령에서는 '공동주택과 주거용 외의 용도가 복합된 건축물'로 정의하고 있으며, 서울시 도시계획조례에서는 '주거복합 건물'로, 주택법 내 주택건설기준 등에 관한 규정에서는 '복합건축물'로 정의하고 있다. 주택유형 관련 통계에서는 아파트로 분류되고 있다.

정부는 도심지역의 공동화 방지 및 직주분리로 인한 교통난 등을 해결하기 위해 1980년대 주상복합을 도입하였다. 초기에는 활성화되지 못했다. 그러나 90년대 중반 이후 지속적 완화책에 힘입어 서울시 전역의 상업지역과 준주거지역에 주상복합 건설이 증가하고 있다. 도심, 부도심에 복합용도 개발을 통해 주상복합을 공급하고자 했던 초기 도입 목적과는 달리 도시공간 구조상 위계가 낮은 지역중심이나

지구중심 같은 비교적 도심외곽지역에서도 증가하고 있어 난개발에 대한 우려가 제기되고 있다. 이와 같은 지역 중 도곡지구를 선정하여 살펴보았다.

도곡동은 서울의 대표적인 주상복합 주거지역으로 1990년대와 2000년대에 걸쳐 민간건설업체들에 의해 형성되었다. 이 지역은 1980년 개포지구 택지개발사업으로 조성 당시 지역중심으로 지정되어 상업지역으로 결정된 곳이지만, 민간업체들의 개별적인 개발에 의해 초고층 주상복합 주거지역으로 탈바꿈한 곳이다.

도곡동은 1961년 서울시 행정구역으로 편입된 이후 1970년 초반부터 시작된 영동개발의 일환으로 토지구획정리사업이 추진되어 획지계획이 잠시 수립되었다. 1980년대 개포 택지개발사업이 추진될 때 제3지구의 체비지로 지정되었다. 1982년의 택지개발사업 실시계획을 보면 상업지역으로 지정하여 지역중심으로 조성하고자 하였다(서울시정개발연구원, 2002a, pp.30~31). 1985년 서울시는 개포지구 도시설계안을 마련하고 도곡동을 지역중심으로 조성하고자 하였으나 법정화 작업을 포기함으로써 개포지구의 도시설계안은 <그림 8-9>와 같이 계획안으로만 남아 있다. <그림 8-10>의 현재 도곡지구는 초고층 주상복합이 밀집되어 있는 지역으로 주변지역의 건물규모와 큰 차이를 나타내며 최고높이 263m의 타워팰리스 3차를 비롯해 40, 50층의 초고층 및 30층 전후의 주상복합 건물들로 구성되어 있다.

도곡동 체비지의 토지이용계획에 대한 결정이 유보되자 1991년 강남구는 관련 공공기관을 이전하여 행정타운조성 계획을 수립하지만 이 계획도 입주희망 기관의 부족으로 백지화되었다. 서울시는 23개 필지로 획지분할하고 1992년과 1994년에 걸쳐 민간에 매각하였다(서

자료: 서울특별시, 1985, p.173.　　　　　　　자료: Naver.

〈그림 8-9〉 개포지구 도시설계 당시의　　　〈그림 8-10〉 도곡지구 전경
　　　　　　도곡지구

울시정개발연구원, 2002a, p.32). 도곡동 주상복합 지구는 준공시점을 기준으로 우성리빙텔(96), 우성캐릭터 199(98), 우성캐릭터빌(99), 대림아크로빌(99), 현대비젼21(99), 타워팰리스 1차(2002), 타워팰리스 2차(2002), 타워팰리스 3차(2004), 아카데미 스위트(2004)와 업무시설인 군인공제회관, 삼성엔지니어링 사옥, 오피스텔인 인스토피아(2000) 등이 위치하고 있다. 주상복합 개발이 정점에 오른 90년대 중반에서 2000년대 초반에 걸쳐 완공되었다.

　도곡지구가 상업지역으로 지정되어 있음에도 불구하고 상업, 업무시설보다 주상복합으로 채워진 배경에는 정부의 주상복합 활성화를 위한 법제적 지원이 1990년대 이후 전폭적으로 이루어졌기 때문이다. 주상복합 아파트는 1982년 도심 상업지역내 주택공급 촉진을 취지로 상업지역 내 주상복합개발의 경우 세대수를 기준으로 사업승인대상을 제외하는 기준이 마련되면서 도입되었다. 도입 시에는 주택비율이 50%, 20세대 이상과 주택비율 50% 미만, 100세대 이상의 경우는 사

업승인대상으로 규정하였다.

이와 같은 주상복합 아파트 사업승인대상이 완화된 것은 1990년대에 들어서면서부터이다. 주상복합 건설 활성화를 위한 완화는 주택비율의 완화, 세대수(사업승인대상) 완화, 국민주택규모 비율 완화 등 주택의 규모와 세대수 중심으로 90년대 중, 후반에 주로 이루어졌다. 91년 주상복합 건축물의 건립가능 지역을 상업지역에서 준주거지역으로 확대하였고 94년에는 주택비율 50% 미만, 세대수 200세대 미만, 평균 세대면적이 150㎡ 이하인 경우 주택사업 승인이 아닌 건축허가 대상으로 완화하였다. 95년에는 주택비율을 50%에서 70% 미만으로 확대 완화하였고 기존의 200세대 미만이었던 세대수 제한을 폐지하였다.

98년에는 국민주택규모를 70% 이하 건설하는 의무비율을 폐지하였고 주택비율을 70%에서 90%까지 완화하였다. 또한 99년에는 평균 주택전용면적을 150㎡에서 297㎡로 완화하였다. 이러한 정부의 주상복합 활성화를 위한 완화정책은 결과적으로 1997년 IMF 경제위기를 탈피하기 위해 총력을 기울이고 있던 시공사들에게 초고층 주상복합 아파트 개발에 힘을 실어 주게 되었고, 업무 및 상업기능은 대폭 축소된 채 개발이익을 극대화할 수 있는 주거기능 위주의 개발을 허용해 주는 역효과를 가져왔다(서울시정개발연구원, 2007, p.20). 이에 따라 상업지역 허용 용적률 1,000%에 달하는 주상복합아파트가 90년대 중후반 집중적으로 허가되었고 2000년 이후 이 건물들이 완공되면서 도곡지구는 <그림 8-11>과 <그림 8-12>와 같은 초고층 주상복합지역으로 변모하였다.

이러한 문제점을 인식하여 2000년에는 주택비율에 따라 용적률을 차등 적용하는 용도용적제를 도입하였다. 용도용적제는 주거비율에

〈그림 8-11〉 양재천 측 전경

〈그림 8-12〉 남부순환로 측 전경

따라 개발용적을 제한하는 것으로 도심 등 상업지역이 대거 주거용도로 전환되는 것을 사전에 억제하고자 도입한 것이지만, 서울시는 2006년 11월 이를 상향조정하며 완화하였다.

1980년부터 2002년까지의 서울시의 시기별 주상복합 허가 건수를 분석한 기존 연구에 의하면 93년부터 96년까지 약 4년 동안 가장 많은 주상복합 허가가 이루어졌다. 외환위기 이후 급격하게 감소한 후 99년부터 다시 증가하기 시작하였고 2000년에 이르러 약 63건에 달하는 주상복합이 허가를 받을 정도로 성장하였다.

〈표 8-2〉 서울시 시기별 주상복합 허가 건수

연도	80	81	82	83	84	85	86	87	88	89	90	91	합계
건축허가수	2	2	1	1	0	0	3	1	1	1	1	7	283
연도	92	93	94	95	96	97	98	99	00	01	02		
건축허가수	8	20	16	23	24	8	3	15	63	46	37		

자료: 고창배, 2003, p.71 재구성.

2001년 이후 다시 감소 추세를 보이고 있는데 이는 2000년 7월 서울시 도시계획조례의 용도용적제 시행을 통한 밀도 규제 강화가 영

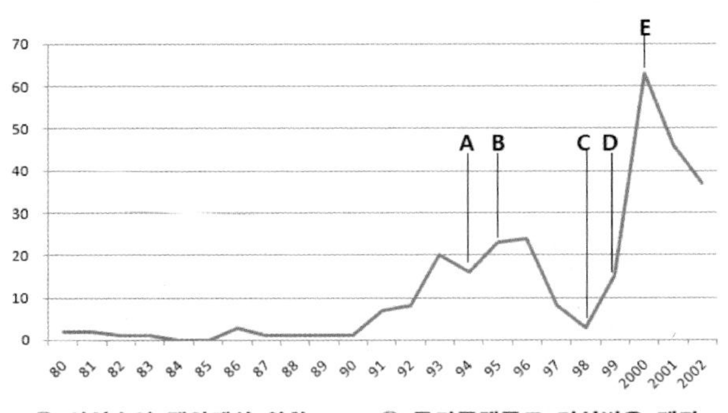

〈그림 8-13〉 서울시 주상복합 허가건수와 관련 규제의 관계

향을 미쳤을 것으로 판단된다. 그럼에도 불구하고 2000년대에는 90년대에 비해 주상복합의 허가건수가 대폭 증가하였음을 알 수 있다. 서울시의 시기별 주상복합 허가 건수와 주상복합 관련 규제의 상관성을 보면 〈그림 8-13〉과 같은데 주상복합 허가건수가 증가하는 90년대 중반과 후반에는 규제 완화가 이루어졌고 2000년에 주상복합의 급격한 증가를 막기 위해 도입된 용도용적제 시행 이후 감소 추세를 보이고 있다.

도곡지구는 특히 일반주거지역의 중심부에 입지한 상업지역으로서 주변의 도곡렉슬과 동부센트레빌, 우성아파트, 경남아파트가 12층에서 25층 전후인 것과 비교하면 2~3배 이상 높다. 이곳은 서울시 도시기본계획상 지구중심에 해당되어 지역중심보다 위계가 낮은 상업 지역이다. 타워팰리스 3차는 강남지역 업무건물 중 가장 높은 무역센터(228m)보다 35m 더 높고 서울시에서 가장 높은 건물이다. 선진 외국의 대도시에서 도시의 랜드마크를 형성하는 초고층건물이 업무기능 중심인 것과 비교하면 "돌출형의 기형적인 도시경관"을 형성하고 있다(서울시정개발연구원, 2007, p.78).

도곡동 주상복합 지구의 건물 층수 현황을 보면 최고층수 69층인 타워팰리스 3차를 비롯해 66층의 타워팰리스 1차(42, 59, 66층)를 비롯해 60층 이상 건물이 2동이 있고 50층 이상의 건물은 타워팰리스 1, 2차와 아카데미스위트가 있다. 40층 이상의 건물은 타워팰리스 2차와 대림아크로빌 3개동이 있다. 이처럼 40층 이상의 초고층 건물 및 도곡지구 내에서 비교적 저층이라고 할 수 있는 20층, 30층대의 고층 주상복합건물들로 구성되어 있다.

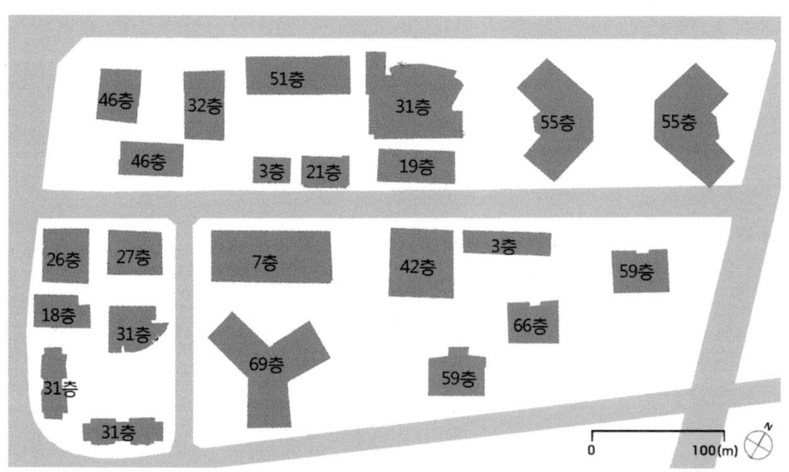

〈그림 8-14〉 도곡지구 내 건물 층수 현황

　도곡지구 내 건물 층수가 이처럼 고층화된 가장 큰 원인은 상업지역의 용도지역 규정을 적용해 고용적률이 개발이 가능하였기 때문이다. 도곡지구의 경우 1993년 개정에 의한 일반상업지역 용적률 1,000%의 규정이 적용되었다. 도곡지구 내 건물의 용적률을 살펴보면 <표 8-3>에서와 같이 전체 9개 필지 가운데 900% 이상이 5개 필지(타워팰리스 1, 2차, 아크로빌, 아카데미스위트, 현대비젼21)이며 2개 필지(우성리빙텔, 우성캐릭터빌)는 800%, 600%(우성캐릭터199), 700%(타워팰리스 3차)를 넘는 필지는 각각 1개소이다.

　주상복합이 건설된 전체 9개 필지의 평균용적률은 877%이다. 이는 3종 일반주거지역 용적률 300%의 3배에 가까운 수치이다. 아카데미스위트와 현대비젼21의 경우는 990% 이상으로 상업지역에서 허용하는 용적률 1,000%에 육박하는 용적률로 건설되었다. 상업지역 내 주상복합 아파트의 또 다른 특징은 아파트 단지에 비해 건폐율이 높은 것인데 필지가 3,000㎡ 이하로 비교적 작은 경우에는 건폐율이 60%에 달하고 10,000㎡ 이상의 대형필지의 경우에도 건폐율이 40%에 이르고 있다. 일반주거지역 내 아파트단지의 평균 건폐율 규모가 30% 미만인 것에 비하면 주상복합아파트는 고층 고밀의 개발이 일반적임을 알 수 있다.

<표 8-3> 도곡동 주상복합건물 현황

건물명	대지면적(㎡)	건축면적(㎡)	건폐율(%)	용적률산정용 연면적(m²)	용적률(%)	연면적(㎡)	최고층수	최고높이(m)
타워팰리스1차	33,696	16,823	49.93	309,886	919.65	457,994	42,59,66	233.9
대림아크로빌	14,000	5,205	37.18	131,185	937.01	204,274	32,46	163
아카데미스위트	6,760	2,900	42.9	67,379	996.76	102,379	51	169.7
우성리빙텔	1,300	774	59.56	11,092	853.35	17,674	21	71.6
타워팰리스2차	20,636	8,113	39.32	190,494	923.11	296,650	55	184.65
우성캐릭터빌	2,351	1,372	58.35	20,059	853.27	27,718	26	94.4
현대비젼21	2,900	1,730	59.64	28,718	990.22	42,432	27	108
우성캐릭터199	10,691	5,956	55.72	66,321	620.37	100,497	31	105.2
타워팰리스3차	17,990	7,085	39.38	142,357	791.3	222,721	69	262.8

도곡지구 내 주상복합은 주택의 규모나 세대밀도가 일반적인 주거 지역의 밀도와 규모를 상회한다. 전술한 바와 같이 주상복합 건물의 주거비율은 50%, 70%, 90% 점차적으로 완화하였다. <표 8-4>의 도곡지구 내 주상복합 건물의 주거비율을 보면 건설시기에 따라 50% 이하, 70% 이하, 90% 이하로 구분된다.

<표 8-4> 도곡지구 주상복합 주거비율의 변화

건물명	세대수	세대밀도	주거용도면적(㎡)	주거비율	허가연도	준공연도
우성리빙텔	98	754	5,402	44.29%	1993	1996
우성캐릭터빌	184	783	9,652	48.12%	1994	1998
현대비젼21	440	1517	11,753	40.71%	1995	1999
우성캐릭터199	681	637	88,876	69.04%	1995	1998
대림아크로빌	818	584	141,030	69.04%	1995	1999
타워팰리스3차	623	346	152,697	68.31%	1996	2004
타워팰리스1차	1,519	451	408,969	89.30%	1999	2002
타워팰리스2차	961	466	259,166	87.37%	1994	2003

주상복합 건물은 고용적률의 초고층으로 개발되고 있지만 대부분 40평형대 이상의 중대형 주택으로 구성되어 있다. 따라서 중대형 평형의 주택공급 측면에서는 효과적일 수 있으나 주택의 양적 공급효과는 떨어진다. 이는 주상복합 아파트가 일반아파트와 달리 주택규모 규제에서 완화된 규정을 적용받고 있음에 기인하다. 주상복합 건물의 주택규모 규제는 일반 아파트와는 조금 다른 양상을 보이는데 1994년 주택규모 규제 도입 당시 평균전용면적(150㎡) 개념으로 주택규모 규제를 실시하였고 98년에는 국민주택규모 70% 이하 건설의무비율을 폐지하였으며 99년에는 평균전용면적을 150㎡에서 297㎡로 상향 완화하였다. 기존 연구(송호창, 2008)에 의하면 1995년부터 2007년까지 서울시 주상복합 공급 세대수의 46.5%가 40평형(132㎡) 이상의 규모인 것으로 나타나고 있는데 이는 주상복합이 다른 주택유형에 비해 대형 평수 도입이 가능하도록 완화하였기 때문이다.

이처럼 초고층 주상복합이 가능한 가장 큰 원인은 상업지역 내에 주상복합 아파트 건립을 허용하면서 발생하였지만, 건물 규제의 측면에서 보면 용도지역제에 기반한 용적률 적용과 상업지역의 높이제한 완화가 큰 영향을 끼쳤다. 또한 주상복합의 경우 공개공지 설치에 따른 용적률 및 높이 완화규정도 부분적으로 영향을 주었다. 도곡지구의 경우는 일반상업지역으로 양재천과 40m 도로인 남부순환로에 접해 있어 용적률과 도로사선제한을 적용하면 용적률 1,000% 이내에서 각 필지가 접한 도로 중 넓은 도로의 폭 1.5배 높이 이내에서 신축해야 한다. 그러나 상업지역의 높이제한 완화사선 적용과 공원, 공지 등을 도로의 폭에 포함시킬 수 있는 도로사선제한의 규정에 의해 대폭 도로사선이 완화되었다.

〈표 8-5〉 서울시 도로사선제한 완화 내용 및 조건

완화도로사선		완화 조건
1992	1:3	50m 이상의 전면도로, 건폐율 30% 미만, 건축선 6m 후퇴
	1:2.5	40m 이상의 전면도로, 건폐율 40% 미만, 건축선 6m 후퇴
	1:2	30m 이상의 전면도로, 건폐율 45% 미만, 건축선 6m 후퇴
	1:1.8	20m 이상의 전면도로, 건폐율 50% 미만, 건축선 6m 후퇴
1998	1:3	건폐율 40% 이하
	1:2.5	건축선 6m 후퇴
	1:2	없음.

467번지 일대는 1996년 높이제한 완화구역으로 지정되어 기존의 도로사선제한보다 완화된 규정을 적용받았다.14) <표 8-5>의 상업지역 높이제한 완화 조건을 보면 도곡지구의 경우 40m 도로인 남부순환로와 언주로에 접해 있어 완화된 도로사선을 적용하면 1:1.5가 아닌 1:2.5까지 완화되었다. 또한 양재천변 도로는 15m 도로이지만 양재천을 도로의 폭에 포함시키는 규정에 의해 실질적으로 도로사선제한에 의한 높이 규제는 작용을 하지 못하였다.

필지의 합병에 대한 규제나 필지계획이 없는 상황에서 대지규모에 기반한 용적률, 건폐율의 적용이 밀도의 증가를 가져왔고 건물의 층수 증가를 가져왔다. 또한 서울시는 초고층 주상복합 개발과 관련하여 개발자의 입장에서 용도 지역상에서 최고 높이를 허용 또는 완화한 경우가 많았으며 또한 주변지역 주민들로부터 일조권, 조망권, 프라이버시 침해 등으로 집단민원을 받아 왔지만 법적 하자가 없음을 이유로 이러한 개발을 가능하게 하였다(서울시정개발연구원, 2007,

---

14) 강남구는 1996년 관내 노선상업지역을 제외한 관내 상업지역 전체를 1996년 높이제한완화구역으로 지정하였다. 삼성동 1번지 일대(36,578㎡), 도곡동 467번지 일대(122,661㎡), 역삼동 648번지 일대(132,387㎡)가 높이제한 완화구역으로 지정되었다[강남구 공고 96-177호(1996.6.2.8 지정공고)].

p.80). 건축심의제도가 있기는 하였지만 높이 규제에 관한 실질적인 제도적 장치가 없었기 때문이다. 엄격한 층수 규제를 적용하는 다른 주거지와는 달리 상업지역 내 주상복합 지역에서는 특별한 높이관리 대책이 없었다.

도로사선제한은 전면도로의 폭과 대지규모에 비례하는 상대적 높이 기준이며 개별 필지 단위로 적용되는 일률적 기준으로 도로의 폭이나 필지 합병, 합필개발에 따라 허용높이가 달라진다. 게다가 도곡지구와 같이 완화지역인 경우에는 그 높이 규제가 실질적으로 이루어지지 않는다.15) 따라서 도곡지구의 건물들이 이처럼 초고층화할 수 있었던 배경에는 상업지역의 높이 규제 대책이 실질적으로 완화 중심으로 존재하였고 타워팰리스나 대림 아크로빌 같은 경우는 필지 자체가 대형화되었기 때문이다.

기존 연구(김문일, 2008)에 의하면 용적률 규제와 도로사선 규제는 상호 보완적 규제이기 보다는 이중 규제, 즉 부가적인 규제로 볼 수 있다. 도로폭이 좁고 대지규모가 크면 해당 기준 용적률 범위에 미달되는 경우가 발생하고 반대로 넓은 도로폭에 접하는 대지의 건축물은 기준 용적률에 여유가 생긴다. 이렇게 보면 도로폭원에 따라 건축물에서 수용할 수 있는 용적률이 차이를 갖게 됨으로써 형평성에도 모순이 생긴다.

---

15) 도로사선제한의 문제점을 지적한 김도년 외(2003, p.174)의 연구에서는 도로 또는 공원, 광장과 같은 공공용지의 반대쪽에서 건축물 높이를 산정함으로써 공익으로 활용되어야 하는 공공시설물이 공공성을 침해 당 함으로써 법적용의 적합성에도 문제가 야기될 수 있으며 도로사선 규제에서는 도로폭이 넓으면 건물 높이가 높고 도로 폭이 좁으면 건물 높이가 낮게 되는 획일적 규정으로서 건물 형태를 제약할 뿐만 아니라 토지이용 특성이나 공간구조의 위계가 고려되지 못하는 문제로 인하여 스카이라인이 주변지역과 조화되지 못하는 문제 등을 지적하고 있다.

필지와 도로의 변화

필지는 건물이 지어지는 터를 제공하며 도시의 형태를 이루는 기본단위로서, 집합하여 가구를 형성한다. 필지의 집합과 도로는 하나의 대가구를 만들기도 하고 분할되어 소가구를 형성하기도 한다. 따라서 필지, 건물, 도로는 불가분의 관계를 맺고 있다. 또한 필지의 크기, 혹은 대지의 면적은 건폐율, 용적률이라는 규제를 통해 건물의 규모와 형태에 영향을 주는 가장 기본적인 요인이다. 따라서 필지의 변화는 건물뿐만 아니라 도시조직에 영향을 준다. 그러나 필지는 도시의 경관에서 시각적으로 인지되지 않는다. 다만 건물의 배치, 규모를 통해 간접적으로 인지하게 된다. 이로 인해 도시 경관문제에서 필지변화의 중요성이 부각되지 못하고 있는 것이 현실이다. 우리나라 도시지역 필지의 대표적인 변화방식으로는 토지구획정리사업지역에서 일어나는 기존 필지의 분할과 합병, 재개발에 의한 대규모 합병이 있으며 도로의 신설, 확폭 등에 의한 필지의 변형 등이 있다. 따라서 필지는 분할, 합병, 변형 등에 의한 규모와 형태의 변화가 대표적이다.

도로는 필지와 함께 2차원적 도시형태를 이루는 기본단위로서 가로망에 의해 가구, 필지 간의 분리기능과 함께 도시 교통체계를 형성하는 요소이다. 또한 우리나라에서는 도로사선제한, 가로구역별 높이 규제, 이격거리 규정 등을 통해 건물의 높이와 배치에 영향을 주는 인자로 작용한다. 도로는 가로형태와 패턴으로 나타나는 도시형태적 의미 외에도 다른 경관요소에 미치는 영향이 지대하다. 따라서 도로의 변화는 경관변화에 있어서 중요한 의미를 갖는다. 일반적으로 도로는 초기 가구의 형성과 분할에 의해 형성되며 건물, 필지, 오픈스페이스에 비해 비교적 외부 변화의 압력에 잘 견디는 특성을 가지고 있다. 따라서 필지보다 변화 속도나 폭은 적은 편이다. 도로는 원형이 유지되거나 도로 폭의 증가, 도로의 연장, 신설, 선형 변경, 그리고 마지막으로 도로의 소멸 후 새로운 도로체계의 형성 등 다양한 방식으로 변화된다.

1. 단독주택지 필지 변화

이 책에서는 화곡동 366가구의 필지 변화를 1969년 토지구획정리사업이 완료된 시점부터 2010년까지 살펴보았다. 화곡동 366가구의 필지 변화는 주택의 신축에 따라 발생하였다. 신축되는 주택유형에 따라 필지 변화 양상이 다르게 나타났다.

366가구는 시범주택이 건설된 지역으로서 화곡 토지구획정리사업지역의 3공구에 해당된다. 계획당시의 필지체계는 <그림 9-1>과 같이 정연한 획지체계로 구성되었다. 토지구획정리사업지역의 필지크기는 10m×10m가 일반적이다(박병주, 1987). 이에 비교하면 366가구는 대형의 필지로 구성되었는데 대략 250~350㎡ 정도로 계획되었다.

366가구 내 필지의 지적도와 토지대장을 분석한 결과 1969년 1월, 토지구획정리사업이 완료된 시점의 필지체계는 <그림 9-2>와 같다. 8m와 6m 도로변은 구획정리계획과 유사한 방식으로 획지되었으나 가구 내 4m도로로 구획된 필지들은 불규칙한 획지가 나타나고 있다. 사업 당시의 획지체계와는 다른 양상으로 나타나고 있는데 토지구획 정리사업의 환지 단계에서 계획의 내용이 반영되지 못한 것으로 판단된다.

1970년대에는 단독주택이 활발하게 신축되면서 필지 분할이 이루어졌다. 이 당시 단독주택들은 분할로 형성된 필지에서 신축되었다. 이는 초기 필지의 규모가 단독주택을 신축하기에는 너무 과도하게 큰 결과라고 할 수 있다. 토지구획정리사업 당시 필지면적은 250~350㎡ 이었고 시범주택의 건축면적은 17평과 20평형으로 건폐율은 16~26% 정도였다. 건축면적 대비 대지면적이 컸다. 따라서 1970년대 필지분할 은 <그림 9-3>과 같이 시범주택이 건설되지 않은 필지를 중심으로 이루어졌다. 1969년 당시 필지수는 62개였는데 분할된 필지수는 모두 34 개로 가구 내 50%의 필지가 분할되었다. 초기 필지의 세장비는 1~1.3 정도였으나 필지분할이 이루어진 후 세장비가 2까지 증가하며 필지의 형태도 정방형에서 장방형으로 변화하였다.[16] 1980년대에는 다세대주택 신축을 위한 필지 분할이 86년 최초로 일어났으나 필지분할이 많지 않았다. 60년대 시범주택이 건설된 필지들에서 건물의 노후화로 신축의 필요성이 생기며 필지분할이 이루어졌다. 80년대에는 70년대

---

16) 대지의 세장비란 대지의 깊이와 폭의 비례관계로 깊이(depth)를 폭(wide)으로 나눈 값(D/W)이다.

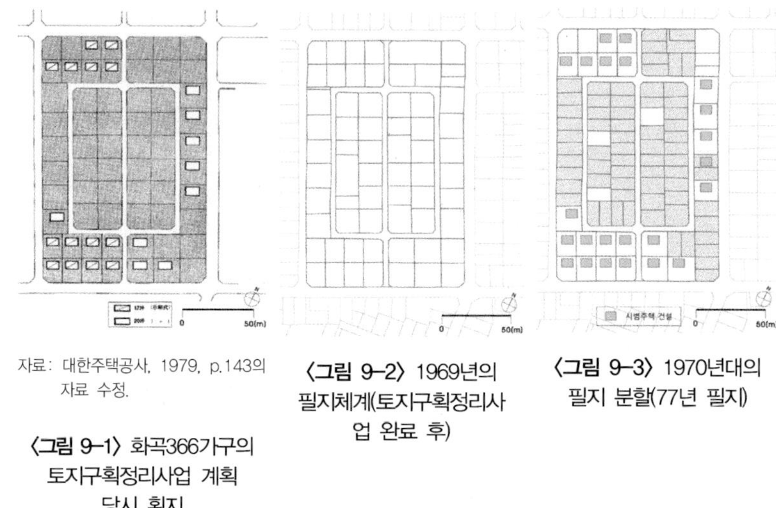

자료: 대한주택공사, 1979, p.143의
자료 수정.

〈그림 9-1〉 화곡366가구의
토지구획정리사업 계획
당시 획지

〈그림 9-2〉 1969년의
필지체계(토지구획정리사
업 완료 후)

〈그림 9-3〉 1970년대의
필지 분할(77년 필지)

분할된 소형 필지를 중심으로 다가구와 다세대주택이 신축되었다.

1990년대 들어서 나타나는 필지 변화는 이전의 양상과 반대로 진행되었다. 다세대주택의 신축과 더불어, 70년대 단독주택 신축을 위해 분할되었던 필지들이 다시 합병되기 시작하였다. 이는 필지의 변화가 주택의 신축, 주택유형의 변화와 관련이 있다는 것을 보여 준다. 따라서 필지 합병으로 인해 대지의 규모는 초기 토지구획정리사업 당시의 규모로 환원되어 <그림 9-4>와 같이 300㎡(100평) 전후의 대형필지가 되었고 이 필지들에서 다세대주택이 신축되었다. 2000년대에도 이러한 경향은 지속되었다.

<표 9-1>의 주택유형별 필지 규모를 보면 주택유형과 필지변화의 관계를 이해할 수 있다. 단독주택과 다가구주택은 주로 140~180㎡ 규모의 소형필지에서 신축되었다. 반면 다세대주택은 비교적 다양한 규모의 필지에서 신축되었으며 300㎡ 이상에서는 주로 다세대주택이

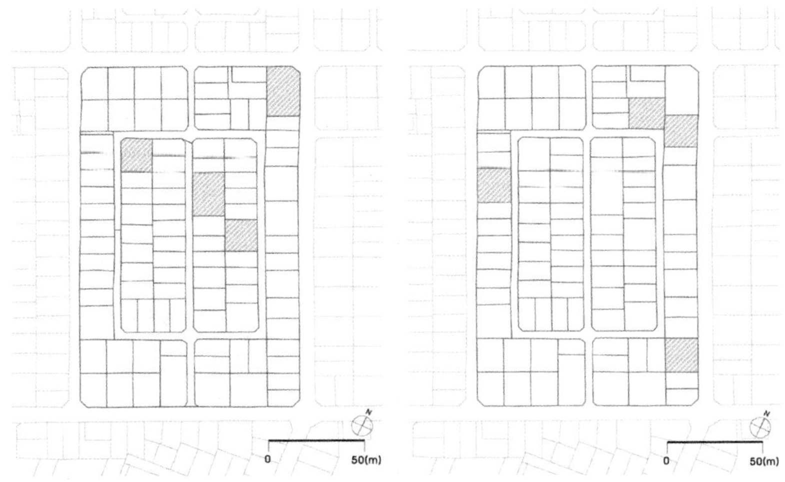

〈그림 9-4〉 1990년대의
필지합병(98년의 필지)　　　〈그림 9-5〉 2000년대
필지합병(2010년 필지)

신축되었다. 80년대 중반과 90년대 초반의 다세대주택의 필지가 180㎡ 이하의 소형 필지인 데 비해 94년 이후부터 신축된 다세대주택의 필지규모는 대형화되었다. 90년대 후반에 신축된 다세대주택의 필지 평균면적은 280㎡ 정도로 80년대와 90년대 초반의 필지들에 비해 약 100㎡ 정도가 증가하였다. 앞서 주택유형의 변화에서 설명한 바와 같이 다세대주택은 다가구주택보다 소형 필지에서의 신축이 상대적으로 불리하였기 때문으로 보인다.

이처럼 단독주택지에서 주택의 신축 혹은 주택유형은 필지 규모와 밀접한 관련이 있다. 따라서 건물 신축을 위한 주택유형 선택은 필지의 현재 상태가 반영되거나 필지의 변화를 수반한다. 따라서 단독주택지에서 필지 변화 관리는 주거지 경관 변화에 있어서 중요한 의미를 가진다. 그러나 현재 필지의 분할과 합병을 제어하는 규정은 대지의

〈표 9-1〉 주택유형별 필지의 규모

필지면적(㎡)	단독	다가구	다세대	근생주택	근린생활시설
140 미만		1			
140~180	12	28	9	4	1
180~200		3	4		
200~250	1	1	4	6	
250~300		1	4	1	
300~350			7		1
350~400	1		1		1
450 이상					1
평균대지면적	174.8	163.2	239.3	208.0	321.7

분할면적을 제한하는 건축조례 제25조(주거지역 최소면적 90㎡) 외에는 없다. 따라서 실질적인 필지 변화 관리 수단은 없다고 할 수 있다. 화곡동 366가구 내 필지 평균 규모가 140㎡를 상회하고 있는 것을 보면 알 수 있다. 비록 지구단위계획에서 부분적으로 제어를 할 수 있지만 지구단위계획구역이 아닌 지역에서는 다른 수단이 없다.

2. 재개발에 의한 필지와 도로의 변화

재개발은 주택유형뿐만이 아니라 건물, 필지, 오픈스페이스에 급격한 변화를 가져오는데 이는 근본적으로 대규모 필지 변화에 기반한다. 즉 소규모 필지를 합병하여 대규모 단지로 변형시키고 단지의 규모에 비례한 주택건설을 통해 사업을 진행하기 때문이다. 아래 그림과 같이 옥수4구역은 54개, 옥수9구역은 272개의 필지가 하나의 대형 단지로 변하였다.

옥수4구역은 비교적 정형화된 형태로 필지 합병이 이루어졌다. 이는 73년 재개발구역으로 지정 당시의 상황, 기준과 관련이 깊다. 옥수4구역은 사유지보다 국공유지의 비율이 높아 상대적으로 필지 합병 시 구역조정이 용이하였을 것으로 판단된다. 또한 이 당시에는 구역 지정과정에서 주민동의가 필요하지 않았다.

그러나 옥수9구역의 경우는 단지 형상이 매우 기형적이다. 형상 자체가 매우 불규칙하며 북측의 25m 도로인 독서당길과 동측의 8m 도로변의 기존 건물들에 의해 둘러싸여 있는 형국이다. 이처럼 재개발에 의한 필지 변화는 규모뿐만 아니라 필지의 형상에도 영향을 미치는데 이는 기존의 비정형화된 필지체계를 수용하는 필지변화 방식에 기인한다. 일반적으로 재개발사업구역으로 지정된 지역은 불규칙한 형상을 가지고 있는 소규모 필지들이 대다수를 이룬다. 이러한 상황에서 구역에 지정된 모든 필지는 하나의 대지, 단지로 통합된다. 이로 인해 기존의 필지체계와 가구 체계는 재개발 구역에 의해 깨어져 분절화되고 재개발구역은 하나의 고립된 섬과 같이 이질적인 지역으로 변화하는데 옥수9구역은 이러한 상황을 잘 보여 준다.

재개발이라는 사업 방식이 이 같은 필지 변화의 가장 큰 원인이지만 구역지정 기준의 영향이 크다. 옥수4구역의 경우는 정부에 의해지정되었고 옥수9구역의 경우는 주민동의에 의해 결정되었다.[17] 따라서 옥수 4구역은 옥수9구역에 비해 정형적이나 옥수9구역은 부정형의 형태를 띠고 있다.[18] 옥수9구역의 경우 도로변 필지들은 재개발 구역

---

17) 옥수4구역의 재개발사업 전 토지 소유현황을 보면 사유지가 57%, 국공유지가 43%로 재개발 구역 내 국공유지 비율이 높다(성동구, 2001, p.208).

18) 옥수9구역의 사업시행인가 당시 국공유지는 9.9%이고 사유지가 90.1%를 차지하였다. 필지수로 보면 전체 필지수 272개 중 사유지가 245개이고 국공유지는 27개이다. 옥수9구역은 사업시행 동의율을 보면 토

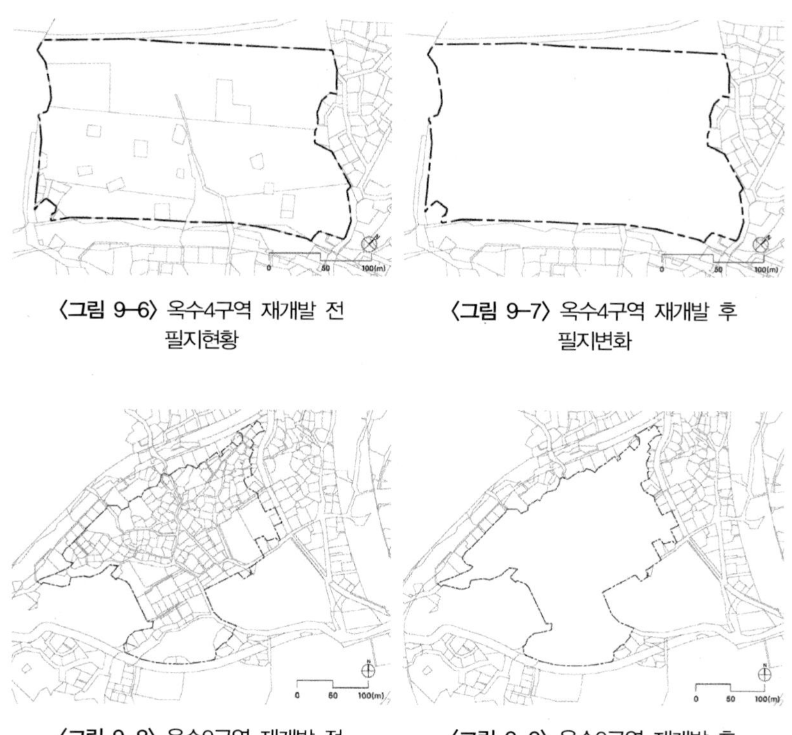

<table>
<tr><td>〈그림 9–6〉 옥수4구역 재개발 전
필지현황</td><td>〈그림 9–7〉 옥수4구역 재개발 후
필지변화</td></tr>
<tr><td>〈그림 9–8〉 옥수9구역 재개발 전
필지현황</td><td>〈그림 9–9〉 옥수9구역 재개발 후
필지변화</td></tr>
</table>

안에 포함되지 않았는데 이는 도로변 토지, 건물주와의 의견조율이 이루어지지 않았기 때문으로 판단된다. 이처럼 재개발에 의한 필지 합병은 필지면적, 건물노후도, 주민동의에 의해 결정되었고 합병 후 필지면적, 형태에 대한 규제는 전무하였다고 할 수 있다.

재개발에 의해서 도로는 기존 도로의 소멸 후 새로운 도로체계가 형성되는 방식으로 변화한다. <그림 9-10>과 <그림 9-11>을 보면 옥수4구역과 9구역의 도로 변화 양상을 알 수 있다. 재개발 전인 1982

지소유자 232명 중 195명이 건물소유자 278명 중 261명이 동의하였다(상게서, p.395).

년의 도로 형태를 보면 간선도로를 중심으로 복잡하게 얽혀 있다. 간선도로를 중심으로 가지를 쳐 나가듯이 좁은 도로가 형성되어 있었다. 이는 토지구획이나, 택지개발사업 등과 같이 도로 계획이 반영되지 않는 자생적인 주거지의 주요 특성이다. 이미 형성된 주택과 도로망에 새로운 주택과 도로망이 연결되는 방식으로 형성되기 때문이다. 따라서 가로의 폭은 가변적이고 형태 또한 다양하게 나타나며 도로는 2~3m 내외 정도로 매우 협소하였다. 옥수9구역의 경우는 기존 가로의 폭이 3~8m(성동구, 2001, p.145)로 구성되어 있었다. 이와 같은 도로는 재개발사업으로 인해 전혀 다른 모습으로 바뀌게 되었다.

이는 기존의 도로망과 개별 필지들로 구성된 국지적인 도시 형태를 고려하지 않고 지역 내 필지와 도로를 소멸시키는 방식으로 사업이 진행되기 때문이다. 특히 재개발 구역의 경우 기존 도로의 폭, 길이 등은 무시한 채 필지 합병을 하기 때문이다. 또한 주변 지역 도로와의 연속성은 고려되지 않는 아파트 단지의 도로 설치 규정의 영향 격자와 직선형 등의 형태를 나타낸다.

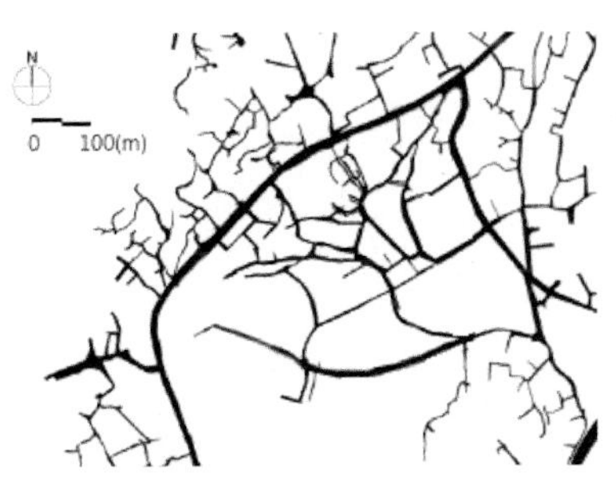

자료: 서울시정개발연구원, 2009.

〈그림 9-10〉 재개발 전 도로 현황

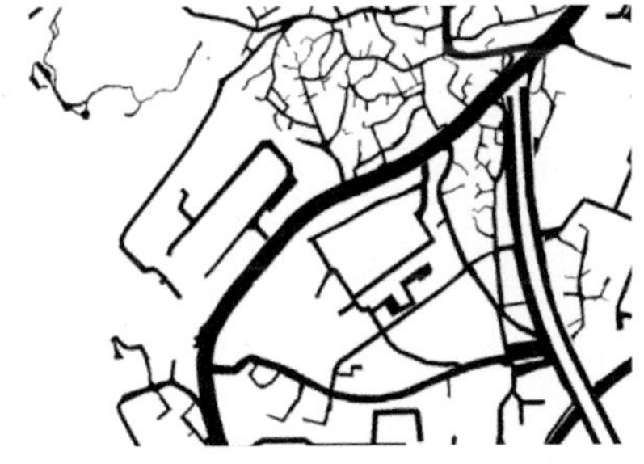

자료: 서울시정개발연구원, 2009.

〈그림 9-11〉 재개발 후 도로 현황

재개발에 의한 도로의 변화는 단지 진입도로와 단지 내 도로의 변화가 주도적인데 아파트 단지도로는 주택건설기준에 관한 규칙에 근거하여 계획하고 있다. 아파트 단지 진입도로는 초기에 6m 이상의 폭을 확보하도록 규제하였으나 79년 이후 단지 내 세대수와 진입도로의 수에 근거하여 규제하고 있다. 진입도로의 폭을 단지 내 세대수에 비례하여 규제하고 있으며 지속적으로 강화하였다. 단지 내 도로의 경우도 세대수에 근거하여 규정하고 있다.

3. 재건축에 의한 필지와 도로의 변화

재건축으로 인한 필지와 도로 변화는 재개발과 유사한 방식으로 진행된다. 재개발과 달리 단지가 이미 형성되어 있으므로 기존 소규모 필지 합병 후 단지화되는 방식은 아니지만 단지 내 도로 및 기존 토지이용방식을 소거하고 새롭게 형성된다.

재건축에 의한 잠실지구의 필지 및 도로 변화를 살펴보기 전에 잠실지구의 형성과정에 대해 살펴보기로 한다. 잠실지구는 <그림 9-12>와 같이 당초 토지구획정리사업에 기반하여 계획되었다. 계획 당시에는 전형적인 단독주택지의 필지체계로 형성되었다. 그러나 잠실지구 종합개발기본계획에 의해 기존의 가구 구조만 남아 있고 소규모 필지조직은 <그림 9-13>과 같이 단지화되었다. 이후 1976년 아파트 지구로 지정되어 건설되었다.

70년대 지정된 아파트지구는 토지구획정리사업으로 조성된 지역의 일부 가구를 아파트 지구로 재지정하고 계획하는 방식이었다. 이로 인

자료: 서울특별시, 1974, p.23.

〈그림 9-12〉 잠실지구
토지구획정리사업 현황도

자료: 서울특별시, 1984, p.693.

〈그림 9-13〉 잠실지구 종합개발기본계획
반영 후

해 주어진 공간구조 속에서 지정된 가구별로 아파트 단지계획이 이루어
졌다. 따라서 폐쇄적인 단지계획이 이루어졌고 가구별로 아파트를 단
순 배치하는 것 이상을 기대할 수 없었다. 이처럼 주변 단독주택지역과
이질적인 가로 및 필지체계를 가질 수밖에 없는 태생적인 한계를 지니
고 있었다. 단독주택 조성 목적을 계획된 가로체계와 필지조직에서 아
파트 단지로 변모하였다. 잠실 1~4단지는 재건축에 의해 부분적인 변화
가 발생하였다. <그림 9-14>, <그림 9-15>와 같이 잠실 재건축 후 단지의
전체 규모나 형태는 큰 변화가 없다. 다만, 단지 내부의 기존 필지들이
변화하였는데 이는 토지이용의 변화가 반영된 결과이다.

아파트 단지의 토지이용변화는 단지 내 필지 변화를 수반하는데
잠실 지구의 가장 큰 특징은 근린주구 개념에 의해 단지 내부에 조성
된 근린상업지역(주구중심)이 단지 외곽의 간선도로변으로 이동하였
다. 이에 따라 공원용지의 위치나 크기 또한 변화하였다. 단지 내 학
교용지는 감소하고 도시계획시설용지가 증가하였다. 기존의 근린주

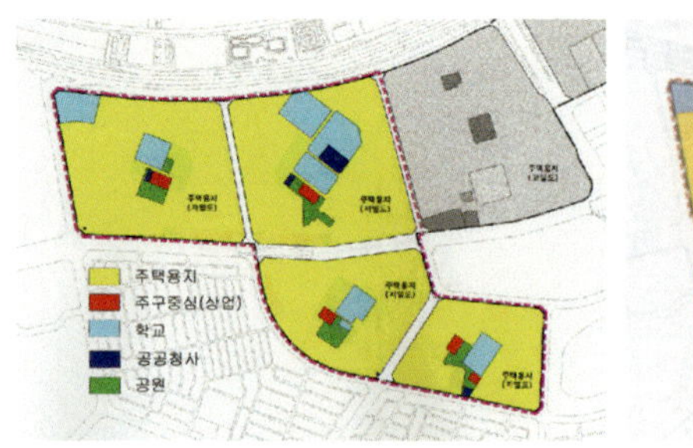
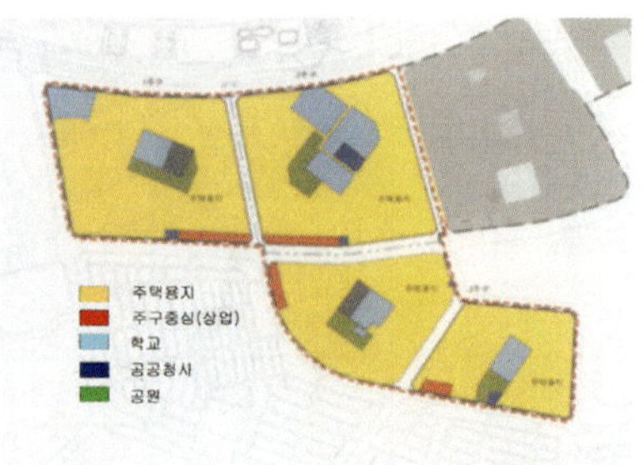

〈그림 9-14〉 잠실지구 재건축 전
토지이용(필지)

〈그림 9-15〉 잠실지구 재건축 후
토지이용(필지)

구 개념의 토지이용에서 역세권 개념을 도입한 도시설계의 영향이라고 할 수 있다. 토지이용 변화는 잠실 1~4단지 재건축의 근거계획인 아파트지구 개발 기본계획에 의한 변화인데 단지 내 시설용지별 변화를 <표 9-2>를 통해 살펴보면 잠실 1~4단지 모두 도시계획시설용지는 증가하였고 실질적인 개발면적인 대지면적은 감소하였다.

재건축에 의한 도로의 변화는 재개발지역에서 나타나는 것과 마찬가지로 기존 도로체계가 완전히 소멸된 후 새롭게 형성되었다. 재건축 전 잠실 1~4단지의 내부 도로체계는 건물 배치의 영향을 많이 받았다. 또한 근린주구 개념이 강하게 적용된 흔적을 찾아볼 수 있는데 단지 간 도로의 연계보다는 독립성을 강조하였다. 이로 인해 단지의 출입구를 최소한으로 줄였고 단지를 통과하는 교통을 억제하기 위해 단지 내 도로는 대부분 직선형의 컬데삭 형태가 되도록 하였다.

<표 9-2> 잠실 1~4단지 재건축 전후 토지이용의 변화

구분		잠실1단지(엘스)		잠실2단지(리센츠)	
단지(주구)면적		292,623.2㎡		322,472.2㎡	
		재건축 전	재건축 후	재건축 전	재건축 후
도시계획 시설용지 (㎡)	도로용지	6,463.0(2.2%)	16,476.9(5.6%)	28,042.0(8.7%)	37,987.5(11.8%)
	공원용지	7,425.8(2.5%)	11,704.9(4.0%)	7,280.4(2.3%)	12,898.9(4.0%)
	학교용지	25,557.2(8.7%)	31,417.2(10.7%)	46,609.1(14.5%)	46,349.1(14.4%)
	공공청사	990(0.3%)	1,419.3(0.5%)	6,975.1(2.2%)	6,018.2(1.9%)
	소계	40,436.0(13.8%)	61,018.3(20.9%)	88,906.6(27.6%)	103,263.7(32%)
대지면적 (㎡)	주택용지	247,952.2(84.7%)	224,289.3(76.6%)	230,926.2(71.6%)	211,156.7(65.5%)
	주구중심	4,235.0(1.5%)	7,315.6(2.5%)	2,639.4(0.8%)	8,061.8(2.5%)
	소계	252,187.2(86.2%)	231,604.9(79.1%)	233,565.6(72.4%)	219,218.5(68%)
용도지역, 지구		3종 일반주거지역, 주차장정비지구, 1종 미관지구, 아파트지구		3종 일반주거지역, 아파트지구	
지번		잠실동 19번지, 19-8, 19-9		잠실동 22번지 외 7필지	
아파트지구준공		1976. 2.		1976. 2.	
재건축시기		2008. 7.		2008. 9.	
구분		잠실3단지(트리지움)		잠실4단지(레이크 팰리스)	
단지(주구)면적		209,160.9㎡		157,872.9㎡	
		재건축 전		재건축 후	
도시계획 시설용지 (㎡)	도로용지	20,446.0(9.8%)	27,547.7(13.2%)	6,360.0(4%)	12,768.6(8.1%)
	공원용지	6,106.0(2.9%)	8,012.3(3.8%)	6,669.1(4.2%)	6,669.1(4.2%)
	학교용지	11,437.1(5.5%)	17,437.1(8.3%)	10,613.9(6.7%)	10,613.9(6.7%)
	공공청사	132.3(0.1%)	150.0(0.1%)	1,071.1(0.7%)	1,192.8(0.8%)
	소계	38,121.4(18.2%)	53,147.1(25.4%)	24,714.1(15.7%)	24,835.8(19.8%)
대지면적 (㎡)	주택용지	168,720.5(80.7%)	150,784.8(72.1%)	129,761.5(82.2%)	122,681.7(77.7%)
	주구중심	2,318.4(1.1%)	5,229.0(2.5%)	3,397.3(2.2%)	3,946.8(2.5%)
	소계	171,038.9(81.8%)	156,013.8(74.6%)	133,158.8(84.3%)	126,628.5(80.2%)
용도지역, 지구		3종 일반주거지역, 2종 미관지구, 아파트지구		3종 일반주거지역, 2종 미관지구, 아파트지구	
지번		잠실동 35번지 3필지		잠실동 44번지 3필지	
아파트지구준공		1976. 2.		1976. 2.	
재건축시기		2007. 8.		2006. 12.	

자료: 서울특별시, 2000, p.110; 서울시정개발연구원, 2008, p.43; 송파구, 2004, pp.16, 26, 34, 42 재구성.

〈그림 9-16〉 1976년　　　〈그림 9-17〉 1987년　　　〈그림 9-18〉 2009년
도로현황　　　　　　　　도로현황　　　　　　　　도로현황

　　<그림 9-16>과 <그림 9-17>에서 76년과 87년의 도로변화를 알 수
있다. 전체적으로 단지 내 중심도로 변화는 없으나 초기 단지 내부도
로에 대한 계획이 미흡하여 내부도로가 추가적으로 조성되었다. 기존
의 도로체계는 재건축으로 인해 소멸되고 <그림 9-18>과 같이 새로
운 도로체계가 형성되었다. 우선 단지 내부도로의 기존체계가 변화였
으며 일부 단지에서는 단지 주출입구의 위치가 변경되었다. 재건축이
나 재개발 등 단지 단위의 대형필지 사업은 내부 도로망 변화에 따라
간선도로와의 관계가 변화된다. 이에 따라 기존 도로체계에 영향을
주는 문제가 발생하고 있다.

　　잠실지구의 경우 간선도로 연결은 전반적으로 개선되었고 단지 내
자동차도로는 감소하였다. 도로망의 가장 큰 변화는 보행자도로의 확
충이라고 할 수 있다. 재건축에 의해 자동차도로는 감소하고 보행자
중심의 도로망이 계획되었다. 비교적 도로망이 개선되었다고 할 수
있는데 이는 4개 단지의 도로망을 동시에 고려한 아파트지구 개발기
본계획의 영향이다. 다른 재건축, 재개발 단지와 달리 잠실지구의 경
우 아파트지구 개발기본계획에서 전체 4개 단지의 보행자 중심 도로
망을 초기부터 계획하였다.

4. 주상복합지역의 필지와 도로 변화

이 책에서 사례연구 대상지로 선정한 도곡지구의 필지는 단독주택
지와 유사한 방식으로 변화하였다. 재개발, 재건축과 같은 단지단위
개발이 아닌 필지단위로 건물들이 신축되었기 때문이다. 단독주택지
필지 변화를 주택유형과의 관계에서 설명한 바와 같이 도곡지구의
필지 변화도 주상복합 신축과의 관계하에서 살펴보았다.

도곡지구는 1985년 개포지구 도시설계안에 의해 <그림 9-19>와 같
이 일반상업지, 공공편익시설, 공공용지 등으로 구분된 계획구상안이
마련되었다. 이에 따라 필지와 도로체계가 형성되었다. 획지 당시에
는 40m 도로인 남부순환로변에 대형, 중형, 소형필지를 적절히 조합
하였고 양재천변으로는 공공시설을 유치하기 위해 대형필지를 계획
하였다. 그러나 서울시는 이 도시설계안의 법정화 작업을 포기하였고
88년 467번지로 구획정리가 완료되었다. 그 후 강남구의 행정타운 계
획이 백지화됨에 따라 서울시는 1992년 <그림 9-20>과 같이 필지 분
할하여 건설회사에 매각하였다. 92년 매각 당시의 필지구획을 보면
20m와 15m 도로에 의해 크게 4개의 내부가구로 구획하고 8m 도로로

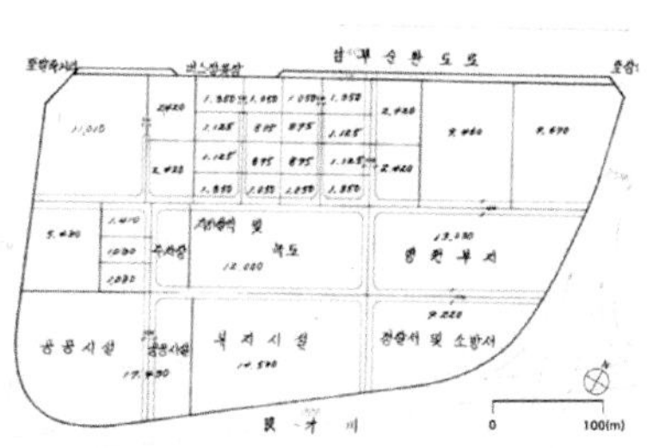

〈그림 9-19〉 85년 도시설계 당시 획지

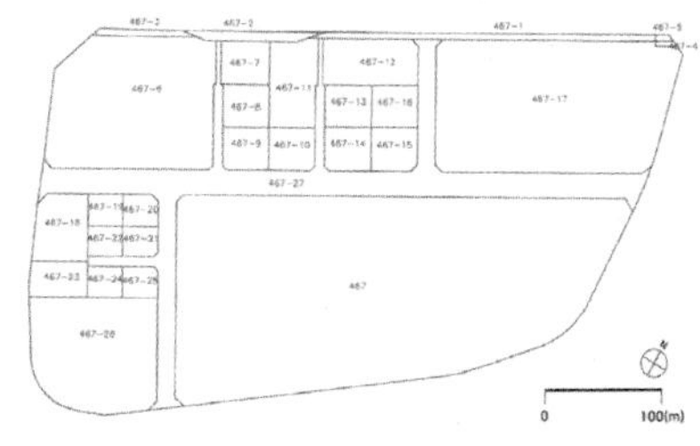

〈그림 9-20〉 92년 당시 획지

소형필지 내 진입로를 구성하였다. 50,000㎡가 넘는 대형필지와 1,300㎡ 정도의 소형필지가 혼합되어 있었다.

도곡지구는 초기 구획부터 필지 분할이 기존 간선도로위계와 부합하지 않았으며 대형화되어 있었다. 이러한 필지는 주상복합의 신축과 함께 합병되는 추세를 나타내며 변화하였다. 98년의 필지 변화를 보면 대형필지들은 분할되었고 소형 필지들은 합병되었다. 2004년 타워팰리스 3차 완공으로 도곡지구의 필지 변화는 완료되었는데 <그림 9-21>과 같이 가장 대형필지였던 467번지만 분할되고 소형필지들은 주상복합의 신축과 함께 합병되었다.

그러나 합필개발에 의한 실질적인 필지 체계를 보면 <그림 9-22>와 같다. 92년 당시의 21개 필지들은 12개의 필지로 감소하였으며 필지들은 대형화되었다. 초기 필지구획이 정교하지 못하였고 또한 필지의 변화를 제어할 규제 수단이 없어 도곡지구 내 필지들은 당초 서울시가 공영개발을 통하여 확보한 시유지이었음에도 불구하고 주상복합 건물의 신축과 함께 대형화되었다. 특별한 필지 합병에 대한 규제가 없는 상황에서 민간의 개발논리가 필지 대형화의 원인이었다고 할 수 있다.

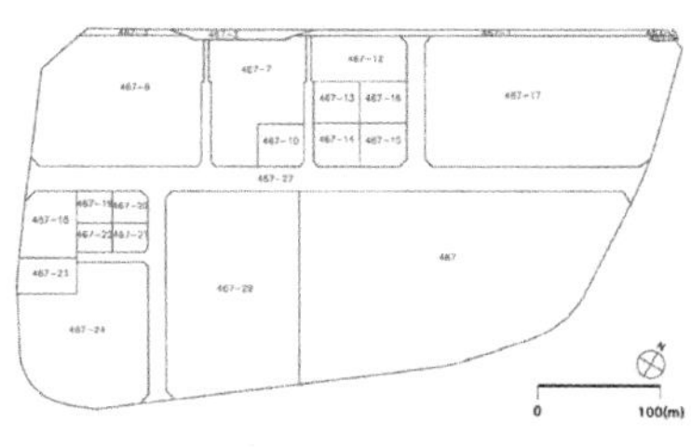

〈그림 9-21〉 2004년의 필지변화

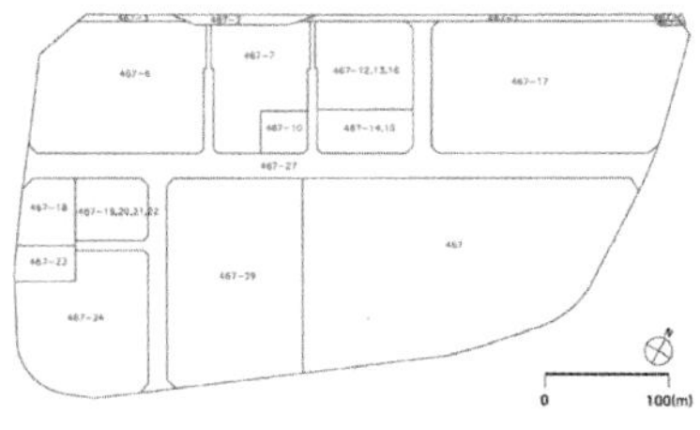

〈그림 9-22〉 공동개발에 의한 실제 필지

10
건물의
형태 변화

건물의 변화는 크게 외관, 즉 시각상의 변화와 용도상의 변화로 나눌 수 있다. 외관과 용도는 분리할 수 없는 요인으로 도시형태 연구에서도 두 부분의 관계를 중요시한다. 이 책에서는 주거지 내 건물로 연구범위를 한정하였기 때문에 건물의 용도는 주택유형의 관점에서 해석이 가능하다. 7장에서 우선 주택유형의 변화를 고찰하였다. 10장에서는 건물의 시각적 인지 요인인 층수, 높이, 규모, 배치를 주로 살펴보았다.

1. 단독주택지 건물의 형태 변화

9장에서 주택유형과 필지 변화의 관계를 설명하였는데 실질적으로 가장 큰 영향을 받는 것은 건물이다. 우리나라에서 건물의 형태는 주택유형과 밀접한 관련을 맺고 있기 때문이다. 또한 주택유형별 분류가 층수, 면적과 같은 물리적인 내용 중심으로 이루어지는 것도 영향을 준다. 따라서 주택유형에 따라 건물의 층수, 규모 등이 다른데 시기별로 주택유형을 규제하는 내용들이 변화하였기 때문에 건물의 형태는 주택유형, 신축시기에 따라 그 특징이 다르다.

우선 주택유형별 건물층수를 살펴보자. 화곡 366가구 내 건물층수를 보면 <그림 10-1>과 같이 2층 건물이 전체의 50% 정도이며 4층이 그다음으로 많은 18%를 차지하고 있다. 전반적으로 2층 위주로 구성되어 있으며 1, 3, 5층은 비슷한 분포를 보이고 있다. 주택유형별 건물층수를 보면 단독주택은 1층이 많고 다가구 주택은 2층이 많다. 다가구 주택 34동 중 29동이 2층이다. 다세대주택은 이와 달리 층수가 다양하다. 4층이 가장 많고 2층, 5층, 3층 순으로 나타난다. 근생주택은 2층과 4층이 가장 많은데 단독 근생주택은 2층, 다가구 근생주택은 4층으로 나타난다. 근린생활시설은 1층에서 5층까지 다양하게 분포하고 있다.

<표 10-1>의 주택유형별 층수변화를 보면 단독주택은 70년대 1층 위주로 신축되었고 80년대 들어 2층이 많아졌다. 다가구 주택은 80년대에는 2층만이, 90년대에는 2층 중심이지만 3층도 신축되었다. 다세대주택은 도입 직후인 80년대에는 2층으로 신축되었고 90년대에는

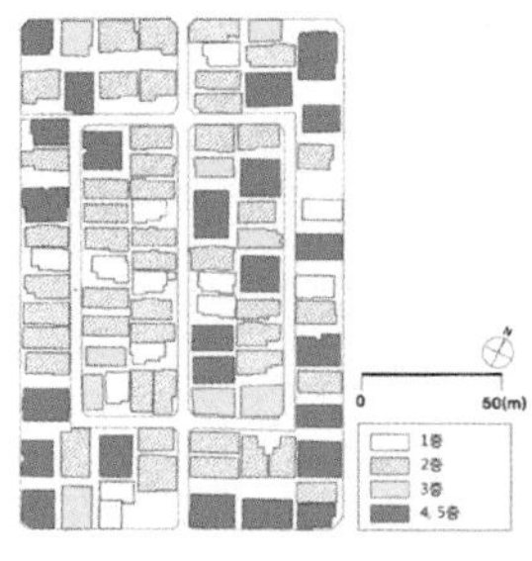

<그림 10-1> 건물 층수 현황

<표 10-1> 화곡 366가구 주택유형별 층수 변화

시 기	단독주택		다가구주택		다세대주택			
	1층	2층	2층	3층	2층	3층	4층	5층
70년대	9	1						
80년대	1	3	15		7			
90년대			14	5	2	2	6	2
2000년대							6	4
합계	10	4	29	5	9	2	12	6

층수가 다양해졌으나 4층의 비율이 높다. 2000년대 초반에는 4층이, 후반에는 5층이 주로 신축되었다. 이처럼 70년대 이후 화곡 366가구 내 주택층수는 주택유형의 변화와 함께 지속적으로 증가하고 있다.

이처럼 화곡 366가구 내 건물의 형태 변화에 있어 가장 큰 특징은 층수 증가와 이에 따른 높이의 증가이다. 그런데 층수 증가 외에 또 다른 요인이 작용하였다. 바로 반지하 주택과 필로티형 주택이다. 지하층과 필로티형 주택이 왜 층수 및 높이에 영향을 줄까? 이에 대한 해답은 층수 산정 기준 완화를 통한 층수완화에 있다.

반지하 주택은 층수 산정 기준의 완화에 의한 폐해라 할 수 있다. 1973년에 지하층을 층수산정에서 제외하였다. 또한 1981년에는 지하층을 연면적 산정에서 제외하였다. 이로 인해 지하층을 이용하려는 움직임이 활발해졌고 결정적으로 1985년에 지하층 규정이 완화되어 지하층 주거, 즉 <그림 10-2>와 같은 반지하 주택이 발생하였다. 지하층을 주택으로 사용되는 반지하 주택의 경우 건물의 높이는 1/2층 정도 상승하였다. 현장조사 결과 366가구 내 다가구주택은 50%, 다세대주택은 72%가 반지하 주택이다.

90년대에 들어서 처음으로 <그림 10-3>과 같은 필로티형 주택이 나타나는데 이는 1990년 1월 지상층의 주차용 면적이 바닥면적 산정에서 제외되고 1991년 이후 꾸준히 주차장법이 강화됨에 따라 1층을 필로티로 들어 올리고 그 공간을 주차공간으로 사용하면서 나타났다. 2000년대에 들어 필로티형 다세대주택은 단독주택지의 일반적인 주택형태가 되었다. 2000년에 필로티를 층수 및 높이에서 제외시켰으며 2002년 주차장법이 세대당 1대로 강화되면서 1층을 필로티로 띄우고 이 공간을 주차장으로 활용하는 방식이 다세대 주택의 기본적인 설

〈그림 10-2〉 반지하 다가구 주택　　　　〈그림 10-3〉 필로티형 다세대 주택

계 개념이 되었다. 이 조치는 비록 단독주택지역 내 주차장 확보를 위한 완화책이었지만 실질적으로 건물 층수를 1개 층 높이는 효과를 가져왔다. 366가구 내 4, 5층의 다세대주택들은 7동이 필로티 주택이다.

층수 및 높이 증가 외에 나타난 또 하나의 건물 형태 변화는 80년대에 유행했던 옥외계단이다. <그림 10-4>와 같은 옥외계단의 증가는 1985년 다세대주택 도입 시 각 주호의 독립성 확보를 위해 옥외계단을 건축면적 산정 예외 조항에 포함시켜 나타났다. 지하층이 주거용도로 사용되면서 높아진 1층과 2층 진입 계단이 독립적으로 형성되어 옥외계단의 면적은 증가하였다. 그러나 92년 옥외계단을 건축면적에 다시 포함시킨 이후 옥외계단은 나타나지 않고 있다. 또 하나의 건축적 특성은 <그림 10-5>와 같은 발코니의 증가라고 할 수 있다. 옥외계단과 함께 연면적 산정에서 예외가 된 발코니는 80년대 다가구주택의 대표적인 형태로 자리 잡았다. 이로 인해 실질적인 주택의 건폐율과 용적률은 증가했고 인접주택과의 이격거리 감소, 외부공간은 점차 축소되었다.

〈그림 10-4〉 옥외계단(91년)　　　　　〈그림 10-5〉 발코니

　　건물의 높이 외에 규모도 주택유형에 따라 다르게 나타나는데 단독, 다가구, 다세대주택 순으로 증가하고 있다. 366 가구 내의 단독주택의 특성은 1층의 단독주택이 다수이며 건폐율은 40~50%, 용적률은 60% 이하로 저층 저밀의 특성을 나타내고 있다. 2층의 단독주택도 용적률이 100%를 넘지 않고 있다. 366가구 내 다가구주택은 단독주택의 대지규모와 비슷한 필지에서 신축되었다. 그러나 층수와 연면적, 세대수 등 전반적인 주택의 규모와 밀도는 단독주택에 비해 증가하였다. <표 10-2>에서와 같이 다가구 주택의 평균 연면적은 246.2㎡로서 다가구주택의 연면적 제한 규정 660㎡에 비해 작은 연면적을 나타내고 있다.

　　또한 평균 용적률은 102.7%로서 대다수의 다가구주택이 용적률 100% 전후에 분포하고 있으며 연면적 300㎡ 이하의 다가구가 많이 분포하고 있다. 다세대주택의 경우는 단독주택이나 다가구 주택에 비해 대지면적, 건축면적, 연면적 등이 증가하였다. 건폐율의 경우는 세 주택유형 모두 50% 전후로 나타나고 있으며 용적률의 경우는 다세대

<표 10-2> 주택유형별 건축개요(평균)

항 목	단독주택	다가구주택	다세대주택
동수	14	34	29
대지면적(㎡)	174.8	163.1	217.6
건축면적(㎡)	78.1	82.4	112.8
연면적(용적률용)(㎡)	98.7	166.9	324.8
연면적(㎡)	119.6	246.2	412.8
건폐율(%)	46.5	50.9	51.4
용적률(%)	56.2	102.7	138.9

주택의 경우 139% 정도로 단독주택이나 다가구주택보다 크다. 그러나 다세대주택의 경우는 80년대 100% 미만의 용적률로 신축된 주택들에 의한 영향으로 용적률이 낮게 나타나고 있지만 층수변화에 따라 용적률은 큰 차이를 나타내고 있다.

2. 재개발에 의한 건물의 변화

재개발에 의한 건물의 변화는 <그림 10-6>에서 <그림 10-8>과 같이 단독주택에서 아파트로 주택유형이 변화하면서 생기는 결과로서 주로 건물 높이, 층수의 증가와 규모의 대형화로 요약된다.

우선 건물의 층수 변화를 보면 1~2층 중심의 단독주택이 15~20층의 고층 아파트로 변화하였다. 옥수4구역은 1층 223동, 2층 24동, 3층 이상 5동으로 구성된 저층의 주거지였으나 8동 모두 15층인 아파트 단지로 변화하였다. 옥수 9구역도 1층 135동, 2층 47동, 5층 이하 39동의 저층 주거지에서 7~20층의 아파트 단지로 변화하였다.

〈그림 10-6〉 1982년의 건물

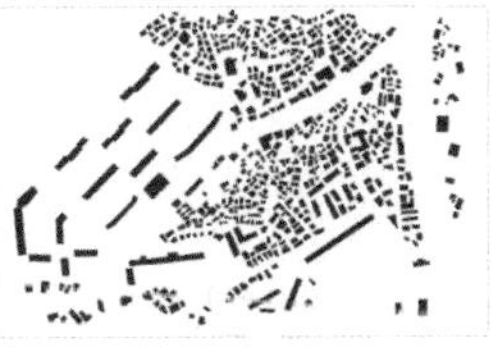

〈그림 10-7〉 1995년의 건물

자료: 서울시정개발연구원, 2009, p.223 자료 수정.

〈그림 10-8〉 2007년의 건물

　일반적으로 아파트의 층수는 용적률 규제와 건물높이 및 층수관련 규제에 의해 결정된다. 아파트의 경우는 도로사선제한, 일조권 사선제한, 인동거리 규제의 영향도 받기 때문에 실질적으로 대지규모가 크지 않는 한 최대 용적률을 구현하기 어렵다. 옥수4구역과 옥수9구역의 용적률을 보면 이와 같은 양상을 이해할 수 있다. 옥수4구역은 215%(상한 250%), 옥수9구역은 266%(상한 300%)로 최대 용적률과 35% 정도의 차이를 보이고 있다. 옥수4구역은 83년 서울시 조례에서 규정한 강북주거지역 250% 이하 규정을, 옥수9구역은 92년 일반주거지역 종세분화 규정에 따라 미세분화된 상태라 2종 일반주거지역 300% 이하 규정을 적용받았다.

　<그림 10-9>와 같이 옥수4구역의 경우 15층의 아파트가 획일적으로 배치되어 있다. 배치도를 분석한 결과 25m 전면도로사선제한, 주동 간 인동거리 규제, 북측 인접대지 경계선에서의 이격거리 규정의 영향을 받았다. 옥수4구역의 층수가 15층으로 일률적으로 지어진 또 하나의 원인은 아파트 층수 규제와 상관이 있다. 서울시는 1975년 서울시 건축심의 기준에서 아파트 층수를 12층으로 규제하다 77년 이

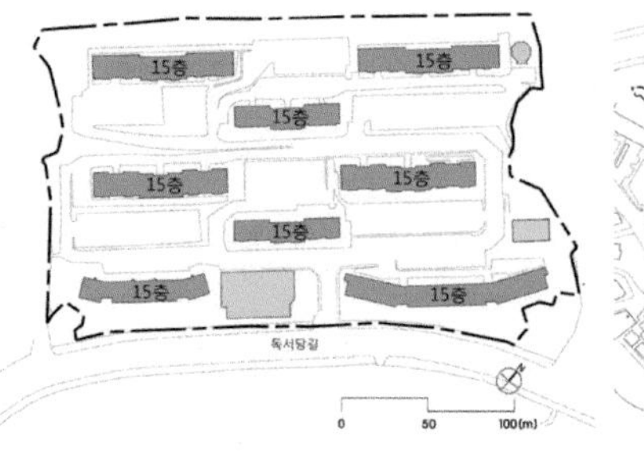

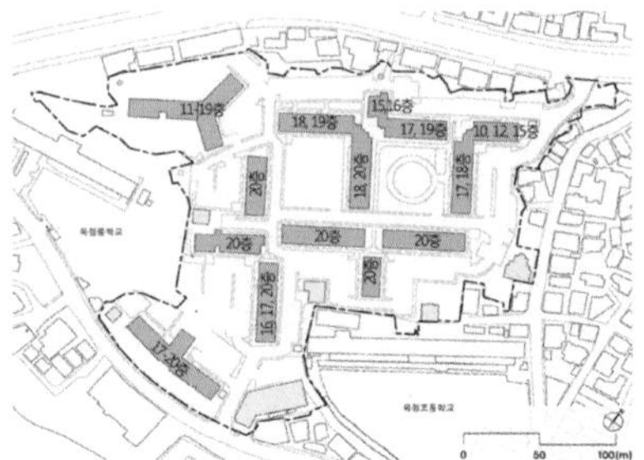

〈그림 10-9〉 옥수4구역 층수현황도　　　　〈그림 10-10〉 옥수9구역 층수현황도

후 15층으로 완화하였다. 또한 지하층 설치기준에 있어서 15층에 대한 완화책이 영향을 주었다. 건축법에서는 지하층을 지상연면적의 1/12만 설치하도록 규정하는데 15층 아파트의 경우 이를 1/15만 설치해도 되도록 완화하였다. 이와 같은 규정은 주택건설업체나 주택수요자에게 호평을 받았고 이 시기에 15층의 아파트가 많이 건설되었다.[19]

옥수9구역의 층수는 옥수4구역과 달리 다양한 층수로 구성되어 있다. 옥수9구역도 옥수4구역과 마찬가지로 높이 관련 규제에 의해 층수가 결정되었다. 옥수9구역의 인동거리 배치도 분석결과 옥수9구역의 경우는 도로사선제한의 영향을 적게 받고 주로 인접대지 경계선에서의 높이제한(일조권 사선제한)과 인동거리 규제의 영향을 주로 받았다. 따라서 <그림 10-10>과 같이 인접대지 주변의 건물들은 주로 저층의 층수로 구성되어 있고 단지 내부로 들어가면 20층 중심으로 구성되었다. 옥수9구역의 주동 층수 변화는 경관심의에 의한 영향도 작용되었다. 심의 제도는 경관관리 차원에서 도입되었는데 이에 따라

---

19) 주택공급업체와 수요자 모두 15층으로 짓는 것이 유리하게 작용하는 요인이 되었다. 즉 주택건설업체의 경우 12층을 짓는 것보다 15층을 짓는 것이 지상면적대비 사용하지 않는 지하공간을 적게 설치하여 공용면적을 줄일 수 있어 분양경쟁에서 유리하고, 수요자의 입자에서는 같은 전용면적의 단위주택이라고 하더라고 공용면적이 적어 싼 값에 분양받을 수 있어 호평받았다(공동주택연구회, 전게서, pp.247~248).

1992년부터 서울시 도시경관과에 설치된 도시경관심의위원회에서 단지 및 건축계획에 대하여 특별한 사전심의를 시작하였다. 옥수9구역의 경우 경관심의에 의해 6동과 8동의 경우 동일한 층수에서 2세대의 층수를 2개 층씩 낮추었고 6동과 8동의 중앙부분 1세내 분은 2개 층을 필로티 구조로 처리하였다.[20]

인동간격과 인접대지와의 거리 규정도 건물 높이에 영향을 주었다. <표 10-3>과 같이 재개발사업 내 이 규정들은 지속적으로 변화하였는데 옥수4구역의 인동거리는 1.25배, 인접대지와의 거리는 0.625배 규정을 적용받았고 옥수9구역은 90년 완화조치에 의해 인동간격은 1배 이상, 인접대지와의 거리는 0.5배 규정을 적용받았다.

〈표 10-3〉 주택재개발사업 건축제한 변경 내역

인동간격	1979. 3. 이후	건물높이의 1.25배 이상
	1985. 10. 이후	건물높이의 1.0배 이상
	1990. 4. 이후	건물높이의 1.0배 이상(16층 이상의 탑상형 아파트는 0.8배 이상)
인접대지와의 거리	1979. 3. 이후	건물높이의 0.625배 이상
	1990. 4. 이후	건물높이의 0.5배 이상

자료: 서울특별시, 2001a, p.1116.

<표 10-4>를 통해 건물의 규모 변화를 보면 옥수4구역의 경우는 252동의 주택이 8동의 아파트로, 옥수9구역은 221동의 주택이 11동의 아파트로 변화하였다. 주택 규모 또한 대형화되었다. 옥수4구역의 경우 12, 18평의 주택이 60% 이상을 차지하는 소형 주택 중심의 주거지였다. 건물동수 252동에 거주가구 567가구로 단독형 다가구주택이 점

〈표 10-4〉 옥수4구역 주택재개발사업 주요 사업내용

항 목	옥수4구역(옥수극동)			옥수9구역(옥수삼성)		
	재개발 전		재개발 후	재개발전	재개발 후	
건물(주동)	252동		8동	221동	11동	
평형	6평	16동	24평	150(16.7)	15평	330(22.9)
	12평	78동	28평	210(23.3)	25평	412(28.5)
	18평	83동	31평	180(20)	32평	429(29.7)
	24평	31동	50평	180(20)	44평	273(18.9)
	30평	25동	52평	180(20)		
	60평	13동				
	60평 이상	6동				
가구수	567		900가구	592	1444	
가구밀도 (가구/ha)	114		181	121	295	

* 옥수9구역의 경우 기존 건축물 자료가 남아 있지 않음.

유한 상태로 실질적인 주거 평형은 더 소규모였을 것으로 추정된다. 재개발로 인해 옥수4구역은 최소평형 24평에서 최대 평형 52평형으로 주택 규모가 증가하였다. 세대수 또한 567가구에서 900가구로 증가하였다. 옥수9구역의 경우도 기존 건축물 자료가 남아 있지 않아 재개발 전 주택규모를 확인할 수 없지만 옥수4구역과 큰 차이는 없을 것으로 판단된다. 옥수4구역과 마찬가지로 주택규모가 25평, 32평, 44평형 등으로 대형화 되었다. 옥수9구역의 경우는 옥수4구역과 달리 15평형 아파트 330세대가 건설되어 소형평형에 대한 배려가 고려되었다.

주택규모의 대형화로 인해 소형 주택이 감소하였고 주택규모의 다양성도 감소하였다. 옥수4구역의 경우는 6평에서 60평형까지 다양한 주택규모의 주거지였다. 이와 같은 주택의 규모는 5가지의 평형으로 압축 변화하였고 소형에서 대형으로 변화하였다. 옥수9구역도 이와

비슷한 양상으로 변화하였는데 4가지의 평형으로 주택규모의 다양성은 감소하였다. 옥수4구역에 비해 15평형의 소형주택이 건설되었지만 전반적으로 24, 32, 44평형 중심으로 변하였다. 동일한 재개발 방식임에도 주택의 규모에 있어서 차이가 나는 원인으로는 주택규모 및 건설비율에 관한 규정의 영향이다.

주택규모의 규제는 주택자체의 규모를 직접적으로 규제하는 국민주택규모 규제방식과 연면적, 건폐율에 의한 규제로 구분할 수 있는데 아파트의 경우는 국민주택 규모에 의한 규제 영향이 크다.21) 주택규모에 대한 규제는 1977년 주택건설촉진법 전문개정에서 주택의 규모별 공급비율을 규정하면서 시작되었다. 옥수4구역과 옥수9구역의 주택규모는 이 규정의 적용을 받았다. 옥수4구역의 주택규모는 84년 합동재개발사업 세부시행지침에 의한 영향도 있다. 이 지침에 의하면 건립가구의 50% 이상을 국민주택규모 이하로 하고 최대주택규모는 전용면적 45평 이하로 하도록 하였다. 옥수4구역의 주택규모별 비율을 보면 45평 이상이 40%, 나머지 60%는 31평형으로 구성되어 있다. 이와 같은 규정은 88년에 60% 이상으로 강화되었고 91년에는 전체 건립가구의 80% 이상은 85㎡ 이하, 60㎡ 이하는 40% 이상으로 강화되었다. 옥수9구역은 이 규정의 적용을 받아 60㎡ 이하인 15평형, 25평형이 50.4%이고 32평형을 포함하면 81.1%로 주택규모가 결정되었다.

재개발 구역에서의 주택규모의 다양성 감소, 즉 평형의 획일화는

---

21) 아파트의 건폐율 규제는 80년대에는 아파트의 건폐율을 주택유형의 관점에서 제한하였으나 90년대에는 용도지역지구제에 포함시켜 60%로 규제하고 있다. 그러나 단지가 대형화되면 건폐율 규제는 실질적으로 건축 규모에 큰 영향을 끼치지 못한다. 옥수4구역의 경우는 17.32%, 옥수9구역의 건폐율은 19.73%이다. 아파트의 건폐율은 1980년 서울시 훈령을 통해 5층 이하는 20% 이하, 6층 이상은 18% 이상으로 기준을 제정하여 점차 증가하다 1990년 11월 이후 60%로 적용되었다.

동일 평형의 수직적 집적을 통한 건물 형태의 획일화, 대형화를 유발한다. 옥수4구역은 판상형 15층 아파트 8동이 -자형으로 배치되어 <그림 10-12>와 같이 거대한 벽을 구성하는 아파트 단지로 변모하였다. 옥수4구역의 주동 길이는 61m 2개동, 78m 3개동, 81m 2개동, 118m 1개동으로 주동의 길이 자체가 대형화되었다. 주동의 길이는 주택규모 즉 평형과 주호 연립의 수에 따라 달라지는데 제일 길이가 긴 118m 주동의 경우는 28평형 아파트 15호 연립으로 계획되었다.22) 옥수4구역의 경우는 6호 연립이 일반적으로 52평형은 81m, 50평형은 78m, 24평형은 61m이다. 78m 주동 하나는 24평형 8호 연립이다. 이처럼 주동의 길이와 층수의 증가는 건물의 입면적의 증가로 인해 차폐경관을 형성하였다. 옥수4구역의 최고 주동길이가 그나마 118m인 원인은 주동길이에 관한 규정이라고 할 수 있는데 82년 주택건설기준에 관한 규정에서 주동의 길이를 120m 이하로 제한하였기 때문이다.23)

자료: 서울시정개발연구원, 2002b, p.78.

〈그림 10-11〉 옥수지구 재개발 전 전경

자료: 서울시정개발연구원, 2002b, p.78.

〈그림 10-12〉 옥수4구역 재개발 후 전경(옥수9구역 재개발 전)

---

22) 주호의 Depth에 따라 전면길이가 짧아질 수 있으나 국내 아파트의 경우 3bay가 보편적이라 평형의 증가는 즉 전면길이의 증가로 연결된다고 할 수 있다.

23) 주동길이에 대한 규정은 잠실 아파트 단지가 지나치게 긴 주동을 적용하여 외부공간 형성에 문제를 야기한다는 비판여론에 의한 영향이 있다고 볼 수 있다. 주동길이 규제는 1996년 폐지되었다.

자료: 성동구청.

〈그림 10-13〉 옥수9구역 재개발 전 전경

자료: Naver.

〈그림 10-14〉 옥수4, 9구역 재개발 후 전경

옥수9구역의 경우는 옥수4구역에 비해 주동의 층수가 다양해졌고 주동의 길이 또한 감소하였다. 최고 층수는 20층이지만 주동 층수에 차이를 주어 주동의 형태자체가 박스 형태를 띠고 있지는 않다. 또한 주호 연립의 수와 주택의 규모가 옥수4구역에 비해 감소하여 주동의 길이가 감소하였다. 옥수9구역의 경우는 5호 연립이 일반적이고 Y자형 주동의 경우만 10호 연립으로 계획되었다. 44평의 경우는 4호 연립, 24평형과 32평형은 5호연립이다.

3. 재건축에 의한 건물의 변화

1976년 아파트지구로 지정된 잠실지구의 재건축은 일반주거지역의 재건축사업과 차이가 있다. 일반주거지역의 재건축사업은 민간사업으로서 도시계획적 수단이 적용될 수 없었으나 아파트지구의 재건축은 아파트지구 개발기본계획이라는 도시계획에 의한 사업이었다.

〈그림 10-15〉 잠실재건축 전 전경 〈그림 10-16〉 잠실재건축 후 전경

현재는 모든 재건축사업이 재건축 정비계획 수립 후에 진행할 수 있다. 잠실지구 재건축은 아파트지구라는 용도지구상의 특성이 반영된 재건축으로서 일반적인 재건축보다 계획적인 규정들이 반영되었다. 그러나 경관변화 양상은 일반적인 재건축사업과 큰 차이는 없다. <그림 10-15>와 <그림 10-16>에서 나타나듯 저층 저밀의 주거지에서 고층 고밀의 주거지로 탈바꿈하였다. 재건축전 전경을 보면 1~4단지는 주변의 건물들과 층수나 높이에서 큰 차이가 없으며 15층의 5단지가 높게 보인다.

그러나 재건축에 의해 5층의 저층 주거지였던 잠실 1~4단지는 최고층수 30층이 넘어가는 고층의 주거지로 변화하였다. 이에 따라 한강변의 스카이라인은 급격하게 변화하였고 한강으로의 조망은 차단되었다. <그림 10-17>과 같이 잠실 3단지의 남측에서 보면 거대한 아파트 벽이 형성되었다.

재건축에 의한 변화는 건물의 연면적, 층수의 증가로 요약된다. 이는 용적률의 대폭적인 증가에 기인한다. 잠실 1~4단지의 평균용적률은 대략 80%에서 275%로 3배 이상 증가하였고, 연면적 또한 72만㎡

<그림 10-17> 잠실 재건축 후 전경과 주변지역

에서 202만㎡로 증가하였다. 세대밀도도 168.6인/ha에서 239.8인/ha로 증가하였다. 세대수는 약 2,400세대가 증가하였고 주택 규모는 15평 이하가 전체의 60% 이상을 차지하는 소형 평형 중심에서 30평형 이 상이 80%를 차지하는 중대형 평형의 단지로 변하였다. 또한 건물의 층수는 5층에서 17~34층으로 구성된 고층으로 변모하였다. 건물의 형태는 ―자 판상형 형태에서 판상형과 탑상형으로 변화하였다. 재건 축 후 주거동수는 감소하였는데 전체 334개 동에서 218개 동으로 감 소하였다. 또한 5층의 동일한 주동을 간선가로변에 일렬 배치하여 단 지 경관의 폐쇄감이 높았으나 재건축 시에는 탑상형을 가로변에 배 치하여 가로변의 폐쇄감은 감소하였다. 그러나 건물의 고층화로 인해

수평적 폐쇄감은 수직적 폐쇄감으로 변모하였다.

재건축 전 잠실 1~4단지의 주동의 층수는 모두 5층으로 건설되었고 주동형태 또한 <그림 10-18>과 같이 판상형이었다. 334개 동이 동일한 층수와 형태로 늘어선 모습은 그 규모와 입면적에 의해 획일적인 경관을 이루었다. 재건축 전 가로경관의 특성은 100m가 넘는 주동들이 간선가로변에 일렬로 도열하여 가로의 폐쇄감은 상당히 높았다. 3단지의 경우에는 주동의 길이가 150m에 육박하는 주동이 배치되기도 하였다. 이와 같은 잠실 주동의 길이는 후에 주동길이 규제를 도입하게 되는 계기가 되었다. 재건축 후 주동형태와 층수는 상대적으로 다양해졌다. 동일한 판상형이라도 재건축 전에 비해 주동길이는 감소하였고 층수가 증가하였다. 4개 단지의 층수 현황을 보면 1단지는 17층에서 34층, 2단지는 21~33층, 3단지와 4단지는 19~32층으로 구성되어 있다. 전반적인 층수 현황을 보면 25층 이상이 높은 비율을 차지한다. 잠실 4개단지의 주동 층수는 도로사선제한과 주동 간 인동거리의 영향이 크다고 할 수 있다.

이러한 주동의 층수 변화는 스카이라인의 변화를 위해 시도되었는데 4개 단지 모두 외곽은 고층의 탑상형으로, 단지 중앙은 저층의 판상형 중심으로 배치되었다. 잠실 재건축 주동형태가 단지 외곽에 있어서 <그림 10-19>와 같이 탑상형 배치를 한 주요 원인은 서울시 건축위원회 공동주택 건축심의에 관한 규칙에서 정한 입면적과 입면차폐도 규정에 의한 영향이 크다고 할 수 있다. 잠실 1, 2단지는 입면차폐도 30m 이하 규정을 잠실 3, 4단지는 입면차폐도 35m 기준을 적용받았다. 건물의 입면적 규제를 통해 건물의 높이와 층수를 간접적으로 규제하였다.

〈그림 10-18〉 잠실1단지 재건축 전

〈그림 10-19〉 잠실1단지 재건축 후
전경

주동의 형태 및 층수변화와 함께 주택규모도 증가하였다. 주택규모의 증가는 주동의 형태에 큰 영향을 주지는 않지만 건물의 규모를 증가시키는 요인이다. 주택평형 변화를 보면 재건축전 잠실 4개 단지는 19평형 이하의 주택으로 구성되어 있었다. 1단지와 2단지는 13평형, 3단지는 15평형, 4단지는 17평형으로 중심으로 구성되었다. 단지 세대수가 5,390세대로 가장 많았던 1단지는 7.5평형이 500세대, 10평형이 600세대 있었다. 총 15,250호 중 약 80%인 12,110호가 7.5~15평의 소규모로 건설되었는데 이는 이 사업 이전에 시행한 반포단지가 대규모 주택으로 건설된 데 대한 비판적 여론 및 당시의 정부정책에 따라 주택공사의 주택건설방침이 소형위주로 전환되었기 때문이다 (대한주택공사, 1987a, p.44). 5단지는 1~4단지에 지나치게 소형만 집중된 점을 의식하여 당시에는 대형 평형이었던 34~36평형으로 건설하여 주택평형에 있어서 균형적 배분이 되지 못하였다.

이처럼 소형 평형 위주의 잠실 4개 단지는 중, 대형으로 변모하였다. 재건축 후의 주택평형 변화는 아파트지구 개발기본계획상의 규정, 즉 주택법 내 국민주택규모 및 비율 규정의 영향을 받았는데 전

체 세대수의 20%는 60㎡(25평) 이하, 40%는 85㎡(32평) 이하의 기준
이 적용되었다. 이와 같은 세대수 비율규정과 면적 규제의 적용특징
을 이용해 잠실 2단지의 경우는 다른 단지와 달리 12평의 소형주택
868세대를 공급하였고 이를 통해 대형평형 세대수의 면적을 증가시
키기도 하였다. 동시에 세대수와 세대밀도도 증가하였는데 4개 단지
전체세대수는 15,250호에서 17,615호로 약 2,400호 정도 증가하였고
세대밀도는 평균 168.6인/ha에서 239.8인/ha로 증가하였다. 잠실 4개
단지의 재건축 전후 현황을 비교하면 <표 10-5>와 같다.

　잠실 재건축에 의한 건물변화의 가장 큰 원인은 용적률이 증가하
였기 때문이다. 재건축 전에 비해 대지면적과 건폐율은 소폭 감소하
였지만 용적률은 4개 단지 평균 200% 가까이 증가하였고 4개 단지의
용적률은 275%에 이르고 있다. 잠실 4개 단지는 다른 3종 일반주거
지역에 비해 25% 정도 높다. 용적률이 이렇게 높은 원인은 아파트지
구 개발기본계획상의 용적률 적용 기준을 대폭 완화하였기 때문이다.

　용적률 인센티브는 크게 두 가지 방향에서 적용되었는데 첫째, 기
존의 다른 3종 일반주거지역과 달리 250%에서 270%로 용적률을 완
화하였고, 둘째, 공공용지 제공에 따라 용적률을 15%까지 완화하였
다. 서울시는 2003년 7월부터 도입 적용된 주거지역 세분화 계획을
이곳에 대해서는 예외규정을 두어 인정한 바 있다. 이곳은 이미 서울
시가 아파트지구 개발기본계획(변경)에 의거하여 해당 재건축조합과
의 협의로 사업계획에서 계획용적률을 270~285%까지 정해 놓은 상
태였기 때문에, 다른 지역과 동일하게 250% 이하로 하향조정하는 것
은 행정의 일관성 문제와 새로운 집단민원을 불러올 것이라고 판단
하였기 때문이다. 그 결과 주거지역세분계획상 3종 일반주거지역의

용적률 상한치인 250%보다 20~35%나 초과하게 되었다.

〈표 10-5〉 잠실지구 재건축 전후 건축현황 비교

구분		잠실1단지(엘스)		잠실2단지(리센츠)	
		재건축 전	재건축 후	재건축 전	재건축 후
대지면적(m²)		279,627.7	231,605	274,417.7	219,219
건축면적(m²)		45,798	38,028	42,397	33,258
연면적(m²)		213,724	639,213	205,460	604,851
건폐율(%)		16.38	16.41	15.45	15.17
용적률(%)		76.43	275.99	74.87	275.91
세대수		5,390	5,678	4,450	5,563

평형별 세대수

	잠실1단지(엘스)			잠실2단지(리센츠)		
평형	평형	재건축 전	재건축 후	평형	재건축 전	재건축 후
	7.5	500		12		868
	10	600		13	3,590	
	13	4,020		15	130	
	15	270		19	730	
	25		1,150	24		245
	33		4,042	33		3,590
	45		486	38		130
				48		730

구분	잠실1단지(엘스)		잠실2단지(리센츠)	
	재건축 전	재건축 후	재건축 전	재건축 후
세대밀도(인/ha)	192.8	253.2	162.2	263.5
층수	5층	17~34층	5층	21~33층
주거동수	123	72개 동	86	65개 동
주차대수	2,695(672)	7,719대	1,335(694)	7,876대
조경면적(m²)		93,943		88,275

구분	잠실3단지(트리지움)		잠실4단지(레이크 팰리스)	
	재건축 전	재건축 후	재건축 전	재건축 후
대지면적(m²)	197,845.5	157,006	152,542.8	126,629
건축면적(m²)	35,396	22,625	26,099	17,842
연면적(m²)	172,813	431,370	128,863	346,046
건폐율(%)	17.9	14.41	17.1	14.00
용적률(%)	87.4	274.75	84.5	273.27
세대수	3,280	3,696	2,130	2,678

평형				평형			
	15	3,000			15		
	17	280			17	2,130	
	25		740		26		536
	33		2,402		34		1,012
	38		330		43		678
	48		224		50		452
세대밀도(인/ha)	165.79		245.1	139.63			218.3
층수	5층		19~32층	5층			19~32층
주거동수	71		46개 동	54			35개 동
주차대수	(378)		4,900대	(337)			4,113대
조경면적(㎡)			65,314				56,259

자료: 대한주택공사, 1978; 대한주택공사, 1987a, p.28; 송파구, 2009, pp.154, 156, 158, 160; 서울시정개발연구원, 1995, p.부록 24; 서울시정개발연구원, 2008, pp.56&63 재구성.

11
외부공간의
변화

이 책에서 의미하는 주거지 외부공간은 대지 내 건축물에 점유되지 않은 비건폐면적을 의미한다. 따라서 주차장, 대지 내 공지 등도 포함된다. 건폐율, 대지 내 공지, 건축선, 건물(주거동)의 배치와 일조제한 규제 등 다양한 주택 관련 법제에 의해 필지 및 단지의 건물과 상호 작용하는 요소이다. 이 책은 주거지 내 외부공간의 규모와 배치 구성을 건축 배치와의 관계에서 살펴보았으며 주거지 외부공간 혹은 오픈스페이스라는 용어를 사용하였다.

1. 단독주택지 외부공간의 변화

화곡 366 가구 내 오픈스페이스는 건물 변화의 직접적인 영향을 받았다. 70년대 단독주택과 80년대 이후 신축된 다가구, 다세대주택들의 필지 내 외부공간 비교를 통해 변화의 양상을 파악할 수 있다.

366 가구 내 단독주택들은 건폐율이 40~50%로 필지 내 외부공간

<그림 11-1> 단독주택 외부공간(담장허물기)

이 차지하는 면적이 넓다. 특히 70년대 단독주택의 경우는 80, 90년대와 달리 건폐율 산정 시 예외규정이 없었기 때문에 필지 내 외부공간이 차지하는 면적이 비교적 넓었다. 366가구 내 대형필지의 단독주택의 경우는 건폐율이 30%로 외부공간의 면적이 250㎡를 넘기도 한다.

단독주택들의 외부공간은 대체로 건물 전면에 위치하며 도로와 인접해 있고 담장에 의해 구획되어 있는 것이 일반적이다. 또한 담장으로 구획되어 있어서 외부공간은 각 대지에 한정되는데 비록 면적이 작더라도 영역성이 확보되어 사적인 외부공간의 기능은 수행하고 있다. 최근에는 <그림 11-1>과 같이 담장허물기 사업을 통해 주차장을 확보하는 주택도 나타나고 있다.

80년대 들어 다가구주택과 다세대주택이 신축되면서 대지 내 외부공간은 전면에서 건물의 측면으로 이동함과 동시에 면적도 감소하였다. 외부공간의 위치와 크기는 건물배치에 따라 정해졌고 대지 내 외부공간은 건축 잔여지로서의 성격이 강해졌다. 1980년대 들어 대지 내 오픈스페이스 감소의 원인은 건축면적 산정기준의 완화와 건물의 배치에 영향을 주는 대지 내 공지 규정 완화의 영향이라고 할 수 있다.

다세대주택이 도입된 후 개별 주택의 독립성을 확보한다는 취지에서 옥외계단을 건축면적 산정에서 제외시키면서 실질적인 건축면적과 건폐율이 증가하였고 이로 인해 오픈스페이스는 감소하였다. 이는 과소 필지의 상황을 인지하지 못해 발생한 문제라고 볼 수 있다. 또한 다세대주택의 대지 내 공지 규정은 1985년 1m에서 90년 0.5m로 완화되었고 99년에는 폐지되었다가 2006년 1m로 부활되었다. 이와 같은 대지 내 공지 규정을 적용하면 외벽은 대지경계선으로부터 이격거리가 매우 좁아져 심한 경우에는 담과 계단이 맞닿아 있는 경우도 발견된다. 따라서 필지 내 오픈스페이스는 사라지고 오직 동선만을 위한 선형의 외부공간만 형성되기에 이른다. 또한 도로사선제한, 일조권 사선제한 등을 적용하여 이격거리를 확보하면 건축물이 대지의 중앙에 위치하게 되고 외부공간이 자연스럽게 건물 외부에 선형의 형태로 자리 잡게 되었다. 일반주거지역 내 건폐율이 60%임에도 불구하고 대지 내 40%의 외부공간은 제 기능과 역할을 하지 못하게 되었다.

90년대 들어서는 대지 내 외부공간은 <그림 11-2>와 같이 주차공간화되었다. 93년 외부계단 건축면적 산정 제외 조항이 사라지면서 다가구, 다세대주택의 외부계단으로 인한 오픈스페이스 감소 현상은 사라졌으나 단독주택지 내 늘어나는 주차공간 확보를 위해 주차장 관련 규정이 강화되었다. 1991년 서울시의 주차장법 조례에 의하면 다세대 주택은 건축면적 150㎡당, 다가구주택은 건축면적 200㎡ 이상

<그림 11-2> 주차장이 된 필지 내 오픈스페이스, 건물 이격거리

150㎡당 한 대의 주차장을 확보해야 했다. 이러한 주차장 규정은 93년 다세대주택은 130㎡와 다가구주택은 180㎡ 이상 120㎡로 강화되고 97년에는 건축면적 규제에서 세대당 규제로 바뀌며 더욱 강화되었다. 다가구주택은 세대당 0.6대 다세대주택은 세대당 0.7대로 변경되었고 99년에는 다가구, 다세대 주차장 규정을 세대당 0.7대로 동일하게 변경하였다. 따라서 단독주택지 내 다가구, 다세대 주택은 주차장을 확보하기 위해 대지 내 공지를 주차장으로 사용하게 되며 자동차의 진출입을 위해 필지와 가로 사이의 담장은 완전히 없어진다. 이로 인해 필지 내 외부공간은 도로와 직접 면하는 가로공간화되었다.

2000년대 들어서도 이러한 경향은 지속되는데 <그림 11-3>과 같이 1층 공간이 외부공간화되어 주차공간으로 이용되고 있다는 점에서 차이가 있다. 이는 2000년 필로티를 층수 및 높이 산정에서 제외함으

<그림 11-3> 1층 필로티 주차장

로써 생긴 현상이다. 이러한 규정이 생기기 전인 90년대의 다가구, 다세대주택은 대지의 공지를 주차장으로 이용하기 위해 건물이 대지의 측면이나 후면에 배치되는 것이 일반적인 데 비해 2000년대 다세대주택은 대지경계선과 외벽이 거의 수직선상에 위치하며 전면에 배치된다. 이와 같이 현상은 99년 대지 내 공지 규제가 폐지되어 나타난 현상이기도 하다. 그러나 이 대지 내 공지 규정은 2006년 다시 부활되어 다세대주택의 경우 인접대지경계선에서 1m를 이격하게 되어 있다.

2. 재개발과 외부공간의 변화

옥수4구역과 옥수9구역 모두 재개발로 인해 오픈스페이스의 양은

증가하였다. 기존의 자생적 주거지에서는 오픈스페이스 조성에 대한
도시계획 수단이 전무한 상태였다. 따라서 자생적 주거지에서의 오픈
스페이스는 <그림 11-4>, <그림 11-6>과 같이 기껏해야 주거지 내 도
로나 비건폐지밖에 존재하지 않았다.

재개발로 인해 생기는 단지 내 오픈스페이스는 <그림 11-5>와 <그
림 11-7>에서 보이듯 주동 간 인동거리 이격에 따른 공지와 인접대지
이격에 따른 공지에서 단지 내 도로를 제외한 부분이다. 옥수4구역
은 −자형 엇배치를 이루고 있어 주동과 주동 사이에 주요 오픈스페
이스가 생성되었으며 옥수9구역은 중정형 배치를 기본으로 하고 있
으며 대지의 부정형 위치에 Y자형 주동과 T자형 주동을 배치하였다.

〈그림 11-4〉 옥수4구역 재개발 전 건물,
도로 현황

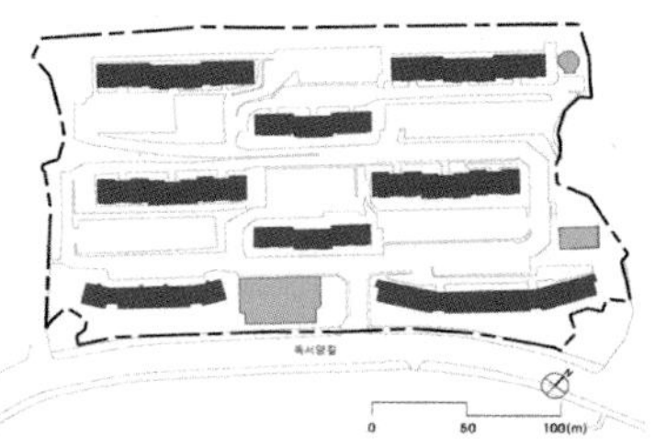

〈그림 11-5〉 옥수4구역 재개발 후
건물, 도로현황

〈그림 11-6〉 옥수9구역 재개발 전 건물,
도로현황

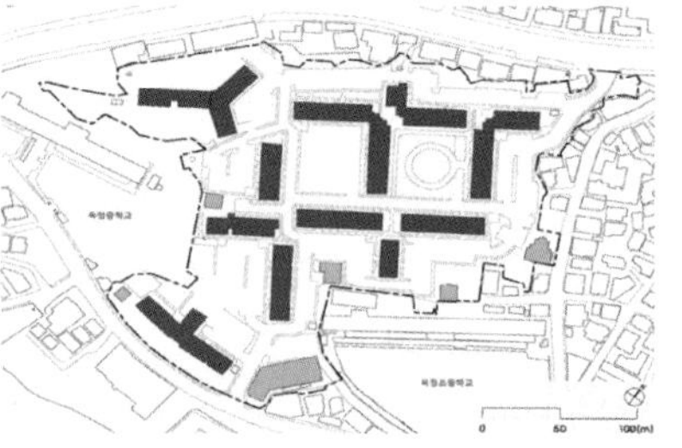

〈그림 11-7〉 옥수9구역 재개발 후 건물,
도로 현황

〈그림 11-8〉 옥수4구역 지형과
오픈스페이스

〈그림 11-9〉 옥수4구역 증축된 외부
주차장

아파트 단지의 오픈스페이스는 이처럼 주동사이나 대지경계선과 주동 사이에 형성된다. 즉 주동의 배치에 의한 영향을 많이 받는다.

그러나 재개발 단지에 형성된 오픈스페이스는 실질적으로 그 기능을 활용하지 못하는 경우가 많은데 이는 대지의 지형과 관련이 깊다. 옥수4구역과 옥수9구역은 구릉지에 조성되었기 때문에 단지 내 경사를 활용한 정지 작업을 하였고 계단식 지형으로 변하였다. 또한 도로계획도 지형을 고려하여 수립하였다. 단지 내 도로가 주동 사이에 배치됨으로 인해 옥수4구역의 경우는 도로와 주동 사이에 오픈스페이스가 형성되었다. 이로 인해 <그림 11-8>과 같이 단지 내 경사가 매우 심하여 오픈스페이스의 대부분이 옹벽과 주차장으로 구성되어 있다. 옥수9구역의 경우는 옥수4구역보다 경사가 비교적 완만하여 도로경사가 심하지 않다. 옥수4구역과 옥수9구역은 유사한 대지면적임에도 불구하고 실질적인 오픈스페이스의 구성에서는 차이가 있다. 옥수4구역의 경우는 대부분의 오픈스페이스가 주차장으로 사용되고 있다. 옥수4구역의 경우는 주차장 부족으로 인해 <그림 11-9>와 같이 기존의 주차장 위에 새로운 주차장을 증축하기도 하였다.

이에 반해 옥수9구역의 경우는 옥수4구역에 비해 오픈스페이스가 증가하였는데 이는 지하주차장의 설치에 따른 결과라고 할 수 있다. 옥수9구역의 경우 지하주차장 비율이 70% 이상으로 건립되어 지상의 오픈스페이스가 대부분 주차장으로 사용되는 옥수4구역에 비해 오픈스페이스 설치가 비교적 용이하였다. 옥수9구역의 경우 단지의 경사를 이용하여 지하주차장을 설치하고 지하주차장의 옥상과 지상 공간을 휴게공간이나, 녹지, 보행자공간 등으로 사용하고 있다. 옥수9구역의 경우, 주차장은 단지 내 가장자리 부분에 일부 옥외주차장이 설치되고 대부분의 주차를 지하에서 해결하여 단지의 중앙에 휴게시설과 공원을 설치하여 주민이 자유롭고 안전하게 이용할 수 있도록 하였다.

단지 내 어린이 놀이터, 주민운동시설, 조경면적 등 옥수4구역과 옥수9구역의 오픈스페이스는 차이가 나타나는데 이는 오픈스페이스 관련 설치규정에 기인한다. 유사한 대지면적임에도 불구하고 오픈스페이스의 면적에서 차이가 나타나는 원인은 어린이놀이터와 주민운동시설의 경우 세대수에 비례하여 설치면적을 규정하고 있어 세대수가 많을수록 오픈스페이스 확보 측면에서 유리하다. 또한 지속적으로 강화된 놀이터, 주민운동시설 규정에 의해 옥수4구역과 옥수9구역의 면적 차이가 발생하였다.

조경면적의 경우 옥수4구역은 주택건설규정이 적용되기 이전의 건축법 시행령상의 규정을 적용받아 대지면적 15% 이상 설치규정을 적용 받았고 옥수9구역은 주택건설규정 내 30% 이상 설치 규정을 적용 받아 조경면적에서 큰 차이를 보이고 있다. 이처럼 오픈스페이스의 구성은 주택건설규정 내 세대수, 면적에 따라 달라진다. 또한 조경면적의 설치규정을 보면 국민주택규모 이상의 단지와 그 이하의 단지로 세분되는데 국민주택규모 이상의 단지에서는 대지면적의 3/10 이상을 녹지면적으로 조성하도록 강화하였고, 국민주택규모 이하의 단지에서는 건축법의 규정, 즉 전체 건축 연면적의 규모별로 녹지면적을 설치하도록 규정하여 대단지일수록 많은 녹지면적을 설치하게 되었다. 즉 오픈스페이스의 설치규정이 단지단위와 필지단위로 구분되어 있다.

또한 오픈스페이스 구성에 중요한 요소인 주차장의 경우를 보면 옥수9구역은 옥수4구역보다 강화된 주차장 기준을 적용 받았다. 공동주택에서 주차수요가 꾸준히 증가하자 89년 주택건설기준에 관한 규칙 개정을 통해 주차장법보다 강화된 기준을 적용하였다. 또한 91년 1월 주택건설기준 등에 관한 규정 제정 시 세대당 전용면적 85㎡ 초과 주택을 300세대 이상 건설 시에는 법정주차대수의 3/10 이상을 지하에 설치하도록 하는 의무조항을 신설하였다. 이러한 주차장 규제의 변화에 따라 단지 내 오픈스페이스의 성격이 변하였다.

3. 재건축과 외부공간의 변화

잠실지구의 재건축 전 단지계획의 특징은 <그림 11-10>과 같이 5층의 판상형 주거동 4개를 ㅁ자형으로 배치하는 것을 기본단위로 하여 중정을 확보하고 이를 어린이놀이터나 소공원, 녹지로 이용하였다. 또한 근린주구개념에 따라 단지의 중앙에는 근린공원과 커뮤니티센터를 배치하였다. 단지규모가 큰 1, 2단지는 각각 하나의 주구였으

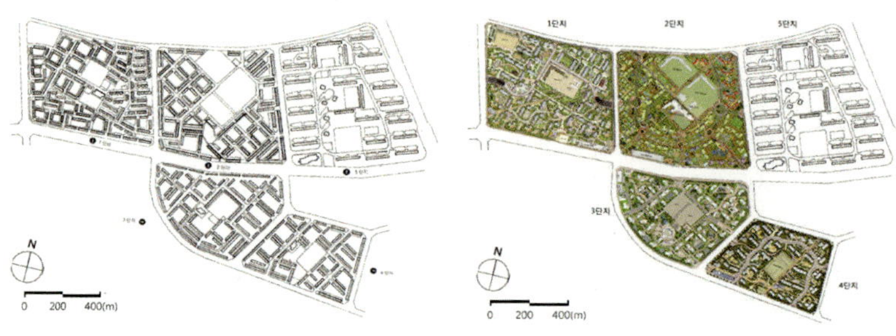

〈그림 11-10〉 잠실 재건축 전 배치도　　〈그림 11-11〉 잠실 재건축 후 배치도

며 3, 4단지가 1개의 주구를 형성하였다.

　잠실 4개 단지는 중정형 오픈스페이스를 계획적으로 배치하여 오픈스페이스의 양은 풍부하였다. 건물배치는 기본적으로 도로변에 길이가 긴 주동을 배치하고 단지 내부는 도로변 주동을 중심으로 중정형 배치를 위해 ㅁ자형 배치를 취하고 있다. 학교, 근린상가, 편익시설도 이러한 배치 영향을 받아 위치가 결정되었다. 4개 단지 모두 일조를 고려하여 남동과 남서방향으로 배치되었다.

　1, 2단지는 주동의 배치와 형태에서 차이가 있는데 서측의 중정형 배치구간과 동측의 평행 배치 구간으로 구분할 수 있다. 이는 1단지의 경우는 면적이 크기 때문에 단지를 두 부분으로 나누어서 공사가 진행되었다. 75년에는 학교의 대지 형태를 따라서 약 15 정도 비스듬히 배치된 중정형 배치를 취하고 있으나 76년에 공사가 진행된 대지 동측 부분의 배치형태를 보게 되면 일자형의 평형 배치에 더 가깝다.

　잠실 1~4단지는 한강, 반포아파트의 평형배치에 비하여 단지 내 동선을 다양화하고, 중정에 녹지를 집합화하여 어린이 놀이터나 소공원으로 이용하였다. 그러나 주거동이 과도하게 길고, 중정을 둘러싸고 있는 주거동의 출입구가 중정과는 반대방향으로 설치되어 있어서 오픈스페이스의 이용이 활성화 되지 않았다. 중정 부분을 완결적으로 구성하고, 도로에서의 진입을 생각한다면 중정과는 반대 방향으로 주거동 출입구를 만드는 것이 유리하지만 이것이 결국 당초 출입구로부터 방해받지 않는 중정을 확보하려는 의도와는 달리 중정 자체가 활성화되지 못하는 요인으로 작용하였다(공동주택연구회, 2004, p.16).

잠실단지의 오픈스페이스가 이처럼 충분히 조성될 수 있었던 원인으로는 17~18%의 낮은 건폐율과 용적률 등 토지이용 밀도 자체가 낮았기 때문이다. 1970년대 당시 잠실단지의 건축배치에 영향을 끼친 인동거리는 1:1 기준이 적용되었기 때문에 중정형 배치가 이루어지지 않은 평형배치구간은 오픈스페이스가 협소하였다. 잠실 단지 역시 주차장 부족으로 인해 중정을 제외한 주동 간 오픈스페이스는 주차장화 되었다. 잠실의 경우 서울시 주차장 조례(1980) 설치 이전에 건설되어 특별한 주차장 설치 규제를 적용받지 않았다.

재건축 후 잠실 4개 단지의 배치는 형식이 크게 변하지 않았다. 기본적인 배치를 보면 단지 외곽에 탑상형 주동을 배치하고 단지 내부는 기존의 학교, 공원의 대지 형태에 맞추어 ㄷ자, ㅁ자 형태의 배치를 통해 주동 간에 중정형의 오픈스페이스를 구성하고 있다. 기존의 배치와 다른 점은 주동길이가 감소하고 층수 증가에 따라 인동거리가 많이 확보됨에 따라 주동 간 오픈스페이스가 증가하였다. 또한 많은 주동의 1층이 필로티로 처리되어 시각적 폐쇄감은 줄어들었으나 고층 형태에서 오는 심리적인 위압감은 증가되었다.

잠실 재건축 4개 단지의 주동 배치에 가장 큰 영향을 준 것은 인동거리 규제라고 할 수 있다. 건물을 직교하는 방식으로 배치하는 것이 건물의 인동거리 확보에 가장 유리하다. 잠실 2단지의 경우 방사형의 주동 배치가 2열로 구성되어 있는 것도 인동거리 규제의 영향이라고 할 수 있다. 잠실 재건축단지의 인동거리 규제는 0.8배가 적용되었다. 재건축 전에 비해 인동거리 규제는 완화되었지만 건물높이 증가에 따라 인동거리는 증가되었다.

이처럼 중정형 배치가 지속되는 이유는 주동 간 인동거리 적용 시 주동 배치에 있어 가장 유리하기 때문이다. 재건축 전의 중정형 배치가 의도된 계획적 접근에 의한 것이라고 한다면 재건축 후의 배치는 건물 인동거리 규제의 영향이 더 크다고 할 수 있다.

재건축에 의한 오픈스페이스의 변화는 양적, 질적인 향상이라고 할 수 있다. 각 단지별로 토지이용변화에 따라 공원면적이 증가하였고, 단지 내 조경면적 또한 40% 이상으로 증가하였다. 주차장으로 주로 이용되던 단지 내 주동 간 오픈스페이스가 조경면적으로 변화하였다. 이러한 변화는 주차장의 지하화를 통해 가능하였다.

오픈스페이스의 위치도 변화하였는데 기존의 단지 내 공원은 철거되고 새로운 공원이 조성되었다. 도시 오픈스페이스로서 중요한 공원도 위치나 면적이 쉽게 변하는 것이 재건축 사업의 또 하나의 특징이다. 이는 아파트지구 기본계획에서 지하주차장을 의무적으로 설치하게 하고 도시계획시설용지인 공원용지를 증가시켰으며 대지면적의 40%를 조경면적으로 조성할 것을 규정한 내용에 기인한다. 대지면적 중 40%의 녹지면적과 주구(단지)면적 중 4%를 공원으로 설치하게 하여 실질적으로 전체 단지 면적으로 볼 때 44%의 조경녹지면적을 확보하였다. 이는 주택건설규정의 30%보다 강화된 규정을 적용하여 가능하였다.

〈표 11-1〉 재건축 전, 후 오픈스페이스 면적 변화

오픈스페이스	단지	재건축 전	재건축 후	단지	재건축 전	재건축 후
공원		7,426	11,704		6,107	8,012
조경면적		-	93,943		-	65,314
놀이터	1단지	8,870	8,479	3단지	8,390	4,227
주민운동시설		1,400	4,204		1,480	3,574
소계		17,696	118,330		15,976	81,127
공원		7,280	12,899		6,669	6,669
조경면적		-	88,275		-	56,259
놀이터	2단지	7,100	7,013	4단지	3,210	4,683
주민운동시설		1,719	6,403		1,380	3,923
소계		16,099	114,590		11,259	71,534

자료: 대한주택공사, 1978; 재건축 설계사무소 제공.

4. 주상복합지역 외부공간의 특성

　도곡지구 내 주상복합 건물의 오픈스페이스는 실질적으로 필지 내 조경면적과 공개공지로 구성되어 있다. 주차장은 지상의 서비스 주차 공간을 제외하고 대부분이 지하화되어 있다. 건축물 연면적의 규모나 세대수의 규모로 보아도 소규모 아파트 단지임에도 불구하고 주상복합 내 오픈스페이스는 열악한 수준이라고 할 수 있다.

　이는 높은 건폐율로 인해 대지 내 비건폐면적이 기본적으로 부족한 것에 기인하며 건축법 내 오픈스페이스 규정의 적용을 더 강하게 받고 있기 때문이다. 타워팰리스 1, 2, 3차와 대림아크로빌, 우성캐릭터 199 등 대지규모가 큰 주상복합은 필지 내 오픈스페이스가 초기의 주상복합에 비해 양호하지만 비교적 소규모 필지의 주상복합들은 오픈스페이스 자체가 전무하다고 할 수 있다. 주상복합지구 내 오픈스페이스는 <그림 11-12>와 <표 11-2>에서와 같이 공개공지가 큰 부분

을 차지하고 있는데 공개공지는 주거지에 적용되는 기준이 아닌 건
축물의 용도에 의해서 양을 규정하고 있다. 따라서 주상복합지역이
실질적인 주거지임에도 불구하고 주택 관련 규정을 받지 않는다. 이
는 주상복합의 취지가 도심 공동화방지를 위한 대책이라 해도 실질
적인 주택비율이 과도한 현실을 고려할 때 바람직하지 않다. 이러한
주상복합지구 내 오픈스페이스는 주상복합이 아파트임에도 불구하
고 주택건설관련규정을 적용받지 않음에 기인한다.

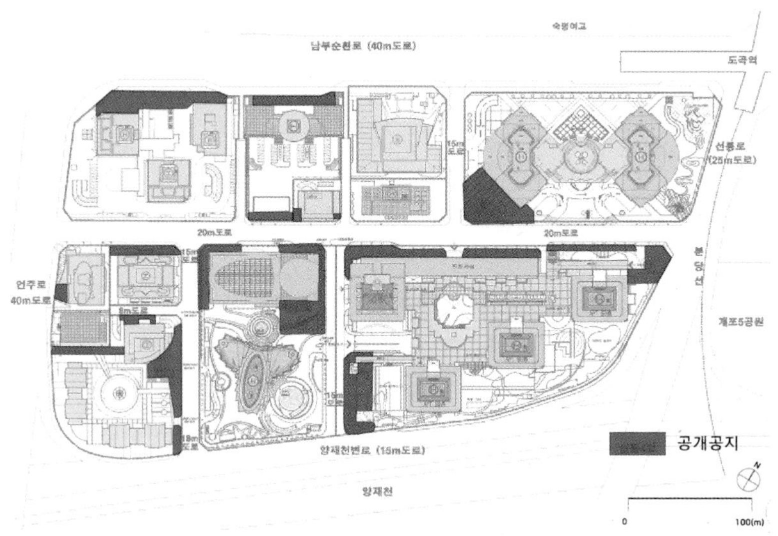

〈그림 11-12〉 도곡지구 내 주상복합 공개공지

<표 11-2> 도곡동 주상복합건물 공개공지 현황

건물명	대지면적 (㎡)	건축면적 (㎡)	건폐율 (%)	연면적 (㎡)	공개공지 면적(㎡)	공개공지조성률(%)
타워팰리스1차	33,696	16,823	49.93	457,994	3,458	10.26
대림아크로빌	14,000	5,205	37.18	204,274	1,100	7.85
아카데미스위트	6,760	2,900	42.9	102,379	487	7.2
우성리빙텔	1,300	774	59.56	17,674	65	5
타워팰리스2차	20,636	8,113	39.32	296,650	2,235	10.83
우성캐릭터빌	2,351	1,372	58.35	27,718	165	7.01
현대비젼21	2,900	1,730	59.64	42,432	294	10.12
우성캐릭터199	10,691	5,956	55.72	100,497	1,371	12.82
타워팰리스3차	17,990	7,085	39.38	222,721	1,819	10.11

자료: 강남구청.

　　주상복합의 공개공지는 다중이용시설이 5,000㎡ 이상인 건물의 대지면적에 비례하여 설치하고 있다. 공개공지는 대부분 가로변에 위치하고 있으며 건물의 배치와 도로조건에 따라 분산 배치되어 있다. 도곡지구 내 공개공지의 특성은 <그림 11-13>과 같이 대지경계에 담장, 식재 등으로 차단하거나 레벨 차이를 두어 접근을 제한하고 공간 자체를 폐쇄적으로 계획하고 있다. 공개공지가 있는 경우에도 접근이 양호하지 않아 불편하며 다른 용도로 전용되거나 출입에 제한을 두고 있어 그 근본취지가 훼손되고 있다. 이는 주거지 오픈스페이스가 부족한 상황에서 공개공지를 사유화 할 수밖에 없는 상황에 기인한다. 공개공지 설치 면적에 비례하여 용적률을 1.2배까지 완화하도록 하고 있으나 사선제한규정이나 현행의 기준 용적률 수준에서는 추가적인 공개공지 설치로 유도되지 못하고 있다.

　　또한 주상복합 건물의 오픈스페이스 부족 문제는 조경면적, 어린이놀이터, 주민운동시설 등 아파트에 비해 완화된 규정에 의해 기인한다. 조경면적의 경우를 보면 주상복합은 건축법 내 대지 내 조경 규정에 따라 대지면적의 15%를 설치하면 된다. 이는 아파트 단지의 30%의 규정에 비해 절반으로 완화된 것이다. 어린이 놀이터의 경우도 아파트에 비해 설치완화규정을 적용받고 있는데 사업계획 승인 대상이 아닌 경우는 아예 놀이터 설치 규정에서 제외되고 또한 건축물의 내부·필로티 또는 옥상에 설치할 수 있도록 하였다.

이에 따라 주상복합 건물의 놀이터는 실질적으로 동일한 세대수임에도 면적이 감소하고 있으며 <그림 11-14>에서 나타나듯 옥상 또는 내부화되고 있다. 이처럼 주상복합은 아파트에 비해 협소한 대지면적과 높은 건폐율, 완화된 오픈스페이스 설치규정 등으로 인해 오픈스페이스 공간 자체가 절대적으로 부족하다. 이러한 오픈스페이스 부족의 문제는 공개공지의 사유화로 연결될 수밖에 없다.

<그림 11-13> 대림 아크로빌 공개공지

<그림 11-14> 타워팰리스 단지 내 놀이터

서울시 주거지 개발 규제와 경관변화의 관계

　이 책은 서울시 주거지 경관변화의 주요 원인으로 주택 관련 법제를 상정하고, 주거지 개발 규제가 주택유형과 주거지 경관요소인 건물, 필지, 도로, 오픈스페이스에 영향을 미치는 방식과 그 결과를 살펴보았다. 이를 위해 1960년대 중반 이후 서울의 주택정책과 주거지 개발방식을 대표하는 지역으로 화곡, 옥수, 잠실, 도곡 4개의 연구대상지를 선정하여 분석하였다. 부족하지만 몇 가지 결론을 도출할 수 있었다. 이를 토대로 서울시의 주거지 경관관리를 위한 정책적 제언으로 이 책을 마무리하고자 한다.

　서울시의 주거지 경관변화는 주택유형과 경관요소의 변화로 압축 설명될 수 있으며, 가장 큰 특징은 점진적이고 자생적인 변화보다 외부 영향에 의해 급격한 변화를 보인다는 것이다. 이는 주로 재개발사업, 재건축사업, 주상복합 개발 등 고층, 고밀화된 주택유형 변화에 기인한다. 이러한 양상이 적게 나타나는 단독주택지는 필지 단위로 비교적 느린 변화가 나타난다. 그러나 다가구, 다세대주택의 증가에 따른 건물의 밀도증가는 필지와 오픈스페이스 등에 영향을 주며 시 각적 문제뿐만이 아니라 주거지의 환경적 질에도 영향을 주었다.

또 하나의 큰 특징은 서울의 주거지 경관변화는 주택유형과 경관 요소의 변화가 서로 연동되어 있는 것이다. 이는 주거지 경관변화를 주택유형과 경관요소의 변화로 해석할 수 있음을 의미한다. 따라서 주택유형과 경관요소, 경관요소와 경관요소 간의 관계를 이해하는 것 이 주거지 경관문제를 규정하고 해결하는 데 있어 도움이 될 것이다.

주택유형의 변화는 기본적으로 특정 주택유형의 공급조절을 위한 주거지 개발 규제의 완화 혹은 강화를 통해 이루어진다. 이는 화곡지 구의 주택유형 변화와 규제와의 관계에서 잘 나타난다. 85년 도입 후 증가하던 다세대주택은 86년 다세대주택 건축허가 지침에 따라 급감 하였고 오히려 다가구주택이 증가하는 양상이 나타났다. 이를 양성화 하기 위해 90년 다가구주택이 도입되고 이후 큰 폭으로 증가하던 다 가구주택도 96년 다가구주택 건축심의 기준 강화에 의해 감소하는 추세로 변화하였다. 99년과 2000년의 규제 완화를 통해 증가하였던 다세대주택의 경우도 2002년 주차장 규제 강화와 2003년의 종세분화 도입 이후 감소하였다. 도곡지구의 경우도 90년대 중반의 주택비율 및 세대수 완화책에 힘입어 90년대 급격히 증가하며 형성되었다.

주택유형의 도입을 위해 도시계획적 수단이 활용되기도 하는데 가 장 대표적인 예가 아파트지구라고 할 수 있으며 상업지역 및 준주거 지역 내 주상복합 허용도 이와 유사한 맥락의 접근방식이다. 또한 합 동재개발을 통해 단독주택지의 아파트 단지화를 유도하고 주택법 내 주택규모 및 건설비율, 연면적 세대수 규제완화를 통해 주상복합 공 급을 활성화하기도 하였다. 60년대 도입된 아파트, 80년대 다세대와 주상복합, 90년대 다가구주택 등 새로운 주택유형의 도입에 따라 서울의 주거지 경관은 지속적으로 변화하였다. 현재 서울의 주택유형은 아파트, 다세대 2가지 유형이 전체의 75% 이상을 차지하는 매우 기형적인 구조라고 할 수 있다. 이러한 주택유형의 획일화는 유사한 규모와 형태의 건물을 반복적으로 만들어 내고 있어 건물의 다양성을 감소시키는 주요한 원인이라고 할 수 있다.

이와 같은 주택유형의 변화는 건물, 필지, 도로, 오픈스페이스의 변화와 밀접한 관련을 맺고 있다. 주택유형의 변화는 1차적으로 필지와 건물변화에 영향을 주는데 새로 도입된 주택유형의 신축에 의해 필지는 대형화, 단지화의 양상을 띠며 변화하였다. 다세대주택, 주상복합의 신축과 함께 소형필지들이 대형화되었다. 화곡지구의 경우를 보면 전체 다세대주택의 25%가 필지 합병을 통해 신축되었으며 이로 인해 대지의 규모는 300㎡ 전후의 대형필지가 되었다. 도곡지구의 경우도 주상복합 신축증가로 인해 25개의 필지가 12개의 필지로 합병되며 대형화되는 양상을 보였다. 또한 재개발, 재건축 등의 아파트 신축과 함께 기존의 소형필지들은 단지화되거나 지속적인 단지화를 유지하게 된다. 재개발의 경우는 필지 변화가 매우 급격하게 나타난다. 필지와 건물수가 일치하지 않는 재개발지역의 특성과 자료 미비로 인해 추정할 수밖에 없으나, 2009년 9월까지의 서울시 재개발 자료에 의하면 10만여 동의 건물이 지어지는 필지수가 391개의 단지로 변화하였다. 옥수4구역은 54개의 필지가 1개의 단지로, 옥수9구역은 272개의 필지가 1개의 단지로 변화하였다.

이와 같은 필지의 대형화, 단지화는 건물의 높이, 규모, 층수 증가로 연결된다. 이는 필지의 규모와 연동되는 용적률 규제가 가장 큰 영향을 주기 때문이다. 또한 도로사선제한, 인동거리규제, 일조사선 규제 등의 완화와 용적률 인센티브 등으로 인해 주택의 층수와 높이 등은 증가하게 되었다. 단독주택지의 경우는 아파트나 주상복합과 달리 다가구, 다세대주택 층수 규제, 층수산정기준의 완화와 지하층, 필로티를 층수에서 제외하는 완화 규정 등에 의해 주택의 층수나 높이가 증가하였다.

이와 같은 주택의 지속적인 층수 증가는 4개의 연구대상지에서만 보이는 특성이 아니라 서울시의 전반적인 양상이다. <표 12-1>을 통해 서울시 아파트의 준공연도별 층수변화를 보면, 80년 이전에는 5층 이하의 아파트 비율이 50%를 넘었으나 81년 이후부터는 11층 이상의 고층아파트 비율이 73%를 넘어 점차 고층화되고 있다. 90년 이후부터는 16~20층, 20층 이상의 초고층아파트 건설도 늘어나는 추세다.

도로와 오픈스페이스는 주택유형 변화의 직접적인 영향보다 필지와 건물 변화의 영향을 받는다. 도로의 경우는 주택유형에 따라 변화 양상이 달라지는데 단독주택지, 주상복합 지역 등 필지단위로 구성되어 있는 지역은 도로의 변화가 거의 나타나지 않는다. 주거지 내 도로 변화는 주로 단지 단위의 개발을 시행하는 재개발, 재건축지역에

〈표 12-1〉 준공연도별 아파트 층수변화

준공연도	5층 이하 세대수(%)	6~10층 세대수(%)	11~15층 세대수(%)	16~20층 세대수(%)	21층 이상 세대수(%)
70년 이전	7,661(57.5)	4,697(35.3)	282(2.1)	399(3.0)	273(2.1)
71~80	78,362(53.5)	12,346(8.4)	55,511(37.9)	278(0.2)	
81~90	54,898(18.2)	15,115(5.0)	220,407(73.3)	8,599(2.9)	1,870(0.6)
91~01	13,754(1.7)	34,793(4.3)	381,993(46.8)	214,562(26.3)	171,866(21.0)
합계	154,675 (12.1)	66,951(5.2)	658,193(51.5)	223,838(17.5)	174,009(13.6)

자료: 서울특별시, 2001b, 서울특별시, 2006a, p.507에서 재인용.

서 주로 나타나는데 재개발과 재건축 모두 기존 도로의 소멸 이후 새로운 도로망이 형성된다. 이는 단지 단위로 도로의 조성을 하는 규제의 영향과 기존 도로에 대한 보호책이 없는 개발방식에 기인한다. 또한 새로 조성된 단지 내 도로들은 내부 도로화되어 단시 내 건물의 규모와 배치에 연동되어 도로폭과 선형이 결정된다.

오픈스페이스도 주택유형에 따라 변화 양상이 달라지는데 주택유형에 따라 오픈스페이스의 양과 질에서 큰 차이를 나타내고 있다. 단독주택지와 아파트 단지의 오픈스페이스 차이를 보면(건축도시공간연구소, 2009, p.43) 아파트의 평균 옥외공간율은 49%이며 다가구, 다세대주택이 밀집한 단독주택지의 경우는 25%가 되지 않아 약 2배 정도의 차이가 보인다. 세대당 옥외공간 면적을 보면 아파트는 29.48㎡, 다세대주택은 17.89㎡, 다가구주택은 11.34㎡로 나타나고 있다. 아파트가 약 2배 정도 많은 것으로 나타나고 있다.

이러한 차이가 나타나는 원인은 필지면적, 건물의 규모, 세대수 등 건물과 필지의 규모 변화에 연동되는 오픈스페이스의 설치규정뿐 아니라 필지단위와 단지단위로 이원화된 오픈스페이스 조성 규정의 영향이 크다. 필지단위의 오픈스페이스는 대지 내 조경, 대지안의 공지, 주차장 등 필지단위로 필지의 면적과 건물연면적에 비례한 규정을 적용받는다. 이에 비해 단지단위의 오픈스페이스는 건축법보다 강화된 주택건설규정 내 녹지면적(조경시설)설치 규정을 적용받고 부가적으로 놀이터, 주민운동시설 등 세대수에 비례한 오픈스페이스 규정을 적용받아 단지면적이 크고 세대수가 많을수록 오픈스페이스의 양이 증가한다. 현행 대지 내 조경면적 설치규정의 경우 필지단위의 건축법은 15%, 단지단위의 주택건설규정은 30%로 되어 있다.

이 같은 규정은 주거지 내 도로와 오픈스페이스가 실질적으로 필지, 건물에 종속적인 경관요소가 되었음을 의미한다. 단지화가 곧 오픈스페이스의 증가를 의미하는 상황은 단독주택지 내 필지의 단지화, 즉 재개발을 야기하는 요인으로 작동될 수 있다. 공원이나 놀이터가 주변에 조성되지 않은 단독주택지의 경우 오픈스페이스로 볼 수 있는 것은 필지 내 비건폐 면적 이외에는 없다. 아파트 단지와 같이 오픈스페이스가 집적화, 대규모화될 수 없는 여건과 규정이 이러한 상황을 만들어 냈다고 할 수 있다. 결국 단독주택 주거지 내 오픈스페이스 확보를 위한 도시계획적 수단과 장치가 없어 건물의 밀도변화에 기반한 다가구, 다세대주택이 대규모로 들어섬으로써 건폐면적이 늘어나고 진정한 의미의 오픈스페이스는 사라졌다고 할 수 있다.

이처럼 주택유형 변화와 경관요소 변화가 서로 연동되는 가장 큰 원인은 주거지 개발 규제가 주택유형과 경관요소 간의 구조적 관계를 고려하기보단 주택공급정책의 영향을 받기 때문이다. 즉 주거지 개발 규제가 도시계획 관점에서 주거지 경관변화 관리를 고려하여 접근하는 것이 아니라 주택공급의 조절 장치로서 작동하기 때문이다. 이는 특정 주택유형의 공급조절을 위해 주택유형별 규제를 강화 또는 완화하는 과정을 통해 명확하게 드러났다.

이로 인해 주거지 개발 규제는 ① 건물, 필지, 도로, 오픈스페이스의 규제 방식이 '범용적인 규제'와 '주택유형별 규제'로 구분되는 특성이 있으며, ② 주택유형별 규제를 활용한 경관요소 규제는 필지단위와 단지단위 개발에 따라 차이가 나타나는 특성을 보인다. 또한 ③ 주택유형과 경관요소 간의 관계를 고려한 맥락적, 종합적 규제보다는 주택유형과 건물 규제에 집중하는 특성으로 인해 다른 경관요소들의 변화까지 유발하는 특성을 가지고 있다. 그동안의 주거지 개발 규제는 도시계획, 경관계획 등의 관점보다는 주택공급적 수단으로 활용되이 장기적인 관점의 해결책이 아닌 단편적인 처방을 내놓은 방식으로 변화하여 왔고 이에 따라 주거지 경관은 자생적이고 지속적인 변화가 아닌 주택공급정책의 영향에 의해 경관요소의 누적이 없는 급격한 변화 양상을 보이고 있다.

이러한 배경의 주요 원인은 주거지 경관계획과 관리가 특정 주택유형과 양에 집착한 주택공급정책과 주거지정비방식에 의해 무력화되고 있는 상황에 기인한다. 또한 주거지 경관문제를 경관변화 관리의 관점에서 접근하지 않고 시각적으로 인지되는 건물의 문제로 국한하여 접근하는 태도도 영향을 준다. 그러나 지역적 특성이나 도시 주거지를 구성하는 건물, 도로, 필지, 오픈스페이스 등 경관요소의 지속적이고 맥락적인 변화를 고려한 경관관리 방안의 부재가 주택 관련 법제의 실질적 효과를 담보하지 못하게 하는 근본적 원인임을 간과해서는 안 될 것이다.

따라서 앞으로는 경관요소의 지속성을 고려하여 경관변화의 구조를 새롭게 조정할 수 있는 정책적, 도시계획적 접근이 필요하다. 즉, 도시 경관요소에 대한 균형 잡힌 시각이 주거지 경관문제를 해결할 수 있는 시작이라고 할 수 있다. 이렇게 될 때 오래된 건물, 오래된 땅, 오래된 공원과 놀이터, 오래된 길이 지속적으로 점진적으로 변화하며 주거지 경관을 형성해 나갈 수 있을 것이다.

지금까지 설명한 주거지 개발 규제의 특성과 경관변화, 경관문제의 관계를 <그림 12-1>과 <표 12-2>를 통해 정리하였다. 서울시의 주거지 경관문제는 단순한 시각적 문제가 아닌 주택유형 및 경관요소의 변화, 즉 경관변화 및 주거지 개발 규제와 밀접한 관련을 맺고 있음을 알 수 있다.

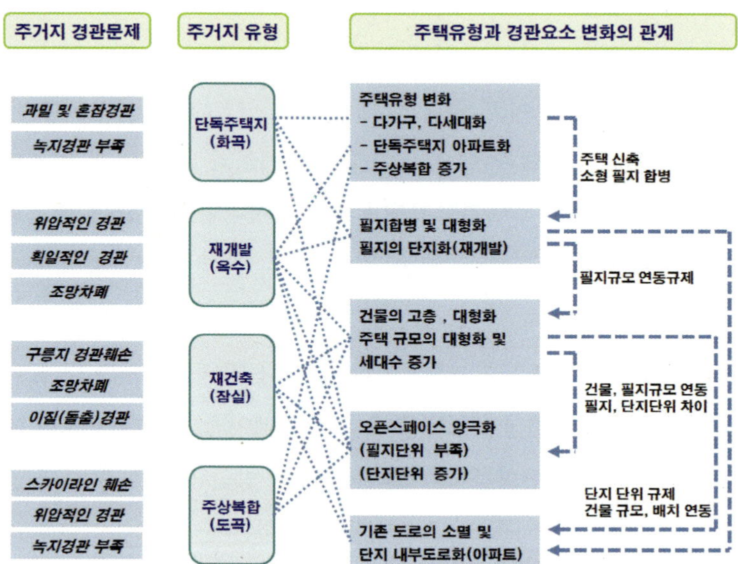

〈그림 12-1〉 주거지 유형별 경관문제와 경관변화의 관계

<표 12-2> 주거지유형별 경관변화 양상과 개발관련 법제의 관계

주거지 개발 규제의 특성과 내용 — 주택유형별 규제(단지단위 규제·필지단위 규제) / 범용적 규제

주택유형별 규제 — 단지단위 규제

주거지유형	경관변화 양상	연면적및세대수규제	주택규모및건설비율	주택규모 및 건설비율완화	정비구역지정요건	인동거리규제	대지의조경(조경시설)	주택건설규정내 오픈스페이스규정	주택건설규정내 도로규정	합동재개발	정비구역지정요건	아파트경관심의	아파트지구 개발기본계획
화곡 (단독주택지)	주택유형 변화												
	필지합병 및 대형화												
	건물층수 및 높이증가												
	건물규모 증가 및 형태변화												
	오픈스페이스 감소												
	오픈스페이스 주차장화												
	1층 필로티 주차장화												
옥수 (재개발)	주택유형 변화									●			
	필지합병 및 대형화										●		
	건물, 층수 높이 증가					◎							
	주동형태, 층수 다양화										●		
	주택규모 및 세대수증가		◎										
	오픈스페이스의 증가							◎					
	도로의 변화								◎		●		

주택유형별 규제 — 필지단위 규제

주거지유형	경관변화 양상	연면적및세대수규제	주택유형별층수규제	대지안의공지	공개공지	대지분할최소규정
화곡 (단독주택지)	주택유형 변화	●	●	●		
	필지합병 및 대형화		●			◎
	건물층수 및 높이증가			◎		
	건물규모 증가 및 형태변화					
	오픈스페이스 감소					
	오픈스페이스 주차장화					
	1층 필로티 주차장화					
옥수 (재개발)	주택유형 변화					
	필지합병 및 대형화					
	건물, 층수 높이 증가					
	주동형태, 층수 다양화					
	주택규모 및 세대수증가					
	오픈스페이스의 증가					
	도로의 변화					

범용적 규제

주거지유형	경관변화 양상	용적률	용적률인센티브	건폐물	도로사선제한	도로사선제한완화	일조높이규제	건축면적높이 층수산정	대지의조경	주차장규제
화곡 (단독주택지)	주택유형 변화	◎		●			◎	◎		●
	필지합병 및 대형화									
	건물층수 및 높이증가							◎		
	건물규모 증가 및 형태변화							◎		
	오픈스페이스 감소									
	오픈스페이스 주차장화									●
	1층 필로티 주차장화							●		●
옥수 (재개발)	주택유형 변화									
	필지합병 및 대형화									
	건물, 층수 높이 증가	●			◎		◎			
	주동형태, 층수 다양화									
	주택규모 및 세대수증가									
	오픈스페이스의 증가									
	도로의 변화									

주거지유형	경관변화 양상	주거지 개발 규제의 특성과 내용																									
		주택유형별 규제																범용적 규제								
		단지단위 규제												필지단위 규제													
		연면적 및 세대수 규제	주택규모 및 건설비율	주택규모 및 건설비율완화	정비구역지정요건	인동거리 규제	대지의 조경(조경시설)	주택건설규정내 오픈스페이스규정	주택건설규정내 도로규정	합동재개발	정비구역지정요건	아파트경관심의	아파트지구 개발기본계획	연면적 및 세대수 규제	주택유형별층수규제	대지안의 공지	공개공지	대지분할최소규정	용적률	용적률인센티브	건폐율	도로사선제한	도로사선제한완화	일조높이규제	건축면적높이 층수산정	대지의 조경	주차장규제
잠실 (재건축)	필지의 변화												●														
	건물 층수 및 높이 증가					◎													●	●		◎		◎			
	주동형태, 층수 다양화											●															
	주택규모 및 세대수증가		◎																								
	오픈스페이스의 증가							◎					●														
	도로의 변화								◎																		
도곡 (주상복합)	주택유형의 변화	●	●																								
	필지합병 및 대형화																	◎									
	건물의 초고층화																		●	◎		●	●				
	주택규모의 대형화			◎																							
	오픈스페이스의 부족							●									●									◎	

● 직접적이며 규제의 영향이 비교적 강함 ◎ 간접적이며 규제의 영향이 비교적 적음

일반적으로 한 국가의 정책은 법과 제도하에 계획이라는 형식으로 사업을 통해 시행된다. 그러나 서울은 60년대 이후 계획보다는 사업이 우선되는 방식으로 정책을 집행하였다. 2000년대 들어 선계획 후 개발의 원칙 아래 재개발, 재건축사업 등이 관리되고 있으나 개발사업 중심의 태도는 지속되고 있다. 이는 지난 뉴타운사업 도입 이후 '도시재정비 촉진을 위한 특별법'의 제정 과정이나 법제적, 계획적 기반이 없는 상태에서 도입된 2010년 휴먼타운 사업의 예를 통해서도 확인할 수 있다. 또한 법과 제도 역시 실효성에 대한 검증 없이 먼저 법제를 만들어 놓고 시행한 후 그로 인해 생기는 문제점을 개정을 통해 해결하는 방식이 일반화되어 있다. 이러한 법제의 운영방식은 주거지 경관변화 관리를 어렵게 하고 있다. 이처럼 주거지 경관변화가 장기적 관점에서 관리되지 못하고 사업과 개발에 의해 끌려가는 요인은 주거지 경관변화 관리에 대한 구체적인 방향 설정과 경관변화 관리를 위한 도시계획적 수단부재에 기인한다. 향후 주거지 경관변화 관리를 위한 정책적 방향을 제안하고자 한다.

첫째, 주거지의 물리적 상태를 맹목적으로 개선하려는 정비사업 기반의 관리가 아닌, 장기적 관점의 경관변화 관리 방안이 필요하다. 현재 우리나라의 주거지 경관 관리는 실질적으로 주거지 개발사업에 의해 주도되고 있는데, 서울시의 주거지 유형화 및 관리 방식을 보면 사업을 전제한, 사업을 지향하는 방식이라고 할 수 있다. 이는 현재 주거지의 물리적 노후화를 기준으로 그 지역을 문제의 대상으로 인식하고 해당지역에 대한 관리 방향을 설정하는 태도와 관련이 깊다. 따라서 주택재개발사업, 재건축사업, 뉴타운사업 등 대규모 사업에 기반하여 주거지를 관리하고 있다. 이로 인해 현재의 주거지 개발 규제는 주택공급적 수단으로 전락할 수밖에 없는 한계를 가지고 있다. 이러한 주거지관리 방식은 주거지 경관의 급격한 변화를 초래하므로 이와 같은 방식은 지양되어야 하며 필요한 경우에도 최소한의 범위 내에서 진행되어야 할 것이다.

둘째, 주거지 경관변화 관리의 방향 전환을 위해서는 필지단위와 단지단위로 이원화된 규제 방식의 개선이 필요하다. 즉 필지단위와 단지 단위 개발의 장점을 취합할 수 있는 대안적 방안을 모색해야 한다. 현행 주거지 정비방식은 크게 재개발사업, 재건축사업으로 추진되는 단지단위의 아파트 개발 방식과 필지단위로 진행되는 단독주택지의 다세대, 다가구 건립방식으로 크게 나누어 볼 수 있다. 이는 필지 단위, 단지 단위로 이원화 된 주거지 개발 규제의 특성과 관련이 깊다. 단지단위의 아파트 개발방식으로는 단지 내부의 주거환경은 개선되지만 고층화, 대형화로 인한 시각적 문제를 야기하며 기존 필지, 도로, 오픈스페이스 등의 부정적인 변화를 초래하여 주변지역과의 단절 등 지역환경의 질을 저하시킬 수 있는 여지가 있다. 이에 반해 필지단위의 다세대, 다가구 건립방식은 주거지 경관요소의 변화가 자생적이고 점진적이라 할 수 있지만 가구의 전반적 측면, 즉 소규모 단지의 관점에서 보면 오픈스페이스나 기반시설, 공동시설을 설치하는 데 한계가 있다.

따라서 단독주택지는 아파트로 재건축, 재개발되는 것을 최소화하고 기존 도로와 가구의 틀을 유지하면서, 단지 단위의 개발에서 얻을 수 있는 장점, 즉 오픈스페이스와 공공시설을 확보하면서 개선할 수 있는 방안 도입이 시급하다. 이를 위해서는 현재의 다가구, 다세대 주택 정책의 재검토, 아파트 공급정책의 개선 등 다양한 분야에서 총체적인 검토가 필요할 것으로 판단된다. 2010년 도입된 휴먼타운 사업과 최근 이슈화되고 있는 두꺼비 하우징 사업은 이런 측면에서 긍정적이라고 할 수 있다. 가구단위 주거지 관리방식은 기존 필지 및 도로체계를 유지하면서 공동시설을 공급하여 주기환경의 질을 높일 수 있으며, 점진적 관리로 주민의 지속적 주거가 가능하게 하는 방식이다. 또한 주거지 경관변화의 관점에서도 변화를 최소화하며 관리가 용이한 방식이라고 할 수 있다.

셋째, 단지단위 개발에서 보이는 필지 변화에 대한 관리 부재는 기성시가지 내 필지 조직을 소멸시키고 필지와 단지간의 격차를 유발하며 도시의 기능에 있어서 자율조정능력을 약화시켜 왔다. 따라서 필지변화 관리에 있어서 중요한 것은 무분별한 합병을 방지할 수 있도록 현재의 주택유형, 필지의 크기, 도로폭 등에 따른 세밀화된 건물규제를 통해 주택유형과 경관요소 간의 정교한 관계를 구성해야 할 것이다. 이를 통해 좀 더 작은 필지의 개발을 장려하고, 필지 합병의 범위를 제한하며, 대규모 대지를 보다 잘 관리할 수 있는 적정 규모로 나눌 수 있는 방안을 모색해야 한다.

마지막으로, 전술한 주거지 개발 규제의 방향 전환 이외에도 경관변화 관리를 위한 도시계획 내 경관계획의 실행력 강화 방안이 모색되어야 한다. 2007년 경관법 수립 이후 다양한 경관관리 방안들이 모색되고 있으나 아직 체계적으로 뚜렷한 방안이 수립되지 못했다. 경관계획은 도시계획 규제의 논거를 경관이라는 가치기준에서 바라보기 때문에 도시계획 안에서 다른 부문계획들과의 역할을 정립하는데 많은 어려움이 따른다. 하지만 궁극적으로는 법적 구속력을 강화할 수 있는 방안이 모색되어야 할 것이다. 경관관리와 주거지개발은 사적 이익과 공적 규제가 첨예하게 대립되는 지점이므로 상호 마찰을 사회적 갈등 없이 해결해야 한다. 따라서 단순한 주택유형 규제나 건물 규제의 방식으로 해결되지 못하기 때문에 도시계획적 가치와 수단을 활용한 해결 방안을 모색하는 것이 가장 효율적이며 바람직하다. 이를 위해선 개별적인 건축물 규제를 통한 주거지 경관문제의 해결보다는 주택유형과 경관요소의 변화를 통합적으로 고려한 도시계획과 경관계획의 상호 활용 가능성을 살릴 수 있는 방안을 모색해야 할 것이다.

<부록>

서울시 주택 관련 법제와 주거지 형성 연혁

연도	주거지 형성 관련 주요 법률, 조직과 영향
1911	- 토지수용령 제정
1912	- 경성시구개수사업
1913	- 시가지 건축규칙 제정 연도 구한말 경무청령으로 시행하여 오던 가로취제규칙, 가로관리규칙, 도로취제규칙 등을 일원화
1921	- 주택구제회 설립
1927	- 불량주택지구개량법(일본)
1932	- 조선 공유수면매립령 제정
1934	- 조선시가지계획령 제정 : 일본시가지건축물법과 도시계획법(1919) 혼합 : 높이제한 규정 최초 도입
1936	- 토지구획정리지구 발표 - 경성시가지계획
1937	- 경성, 평양, 청진 등은 활발한 구획정리사업
1939	- 지대가임(地代家賃)통제령: 주택가격과 집세의 안정 → 주택건설 급감 → 조선주택영단 설립
1941	- 조선주택영단 설립 - 도림, 번대방, 상도 등 3개의 주거단지(주택영단 첫사업)
1945	- 돈암, 용두(이상 개량한옥 한국인주거지) 청량리, 대현,(이상 한국인주거지) 용두, 사근, 신당, 공덕, 영등포, 한남, 대방(번대), (토지구획 정리사업 10개 지구, 일본인주거지: 영등포, 번대, 한남)(한국공동주택계획의 역사 81p 참조) 면적 16.9㎢
1952	- 전재복구계획 발표
1954	- 안암동 재건주택
1955	- 10월 중구 양동 화재민 1,600가구 8,300명을 도봉구 미아동 시유지 임야 1,600평 10평씩 대지 주어 재정착
1956	- 행촌아파트
1957	- 판자촌 형성(청계천, 낙산동, 창신동, 숭인동)
1958	- 종암아파트(주택영단, 중앙산업시공, 5층 152가구, 96년 선경아파트로 재건축)
1959	- 개명아파트(주택영단)

연도	주거지 형성 관련 주요 법률, 조직과 영향
1961	– 국토건설청 건설부로 승격 – 구로동 주택단지

1962	– 도시계획법 제정
	  : 조선시가지 계획령에서 분화
	  : 도시계획법 제정을 통해 토지구획정리사업, 택지개발사업의 근거 마련
	  : 사업시행과 관련된 내용은 '토지개량사업법'을 준용
	  : "일단의 불량주택지구개량에 관한 시설"
	– 건축법 제정
	  : 조선시가지 계획령 분화
	– 토지수용법 제정
	– 대한주택영단을 대한주택공사로 전환
	– 대한주택공사법 제정
	– 공유수면매립법 제정
	– 마포아파트
	  (한국 최초의 단지식 아파트, 6층 642세대, 최초 재건축조합 사업인가 94년 신축)

1963	– 국토건설종합계획법(택지개발 포함) – 공영주택법 제정 – 주택자금운영법 제정 – 서울 편입지역 확산(잠실, 영동, 강서, 강동, 도봉, 상계, 망우)
1965	– 도시계획법 시행령 개정(재개발지구 설정 가능) – 화곡 10만 단지(주택공사)
1966	– 토지구획정리사업법 제정 : 도시계획법에서 분리 – 서울도시기본계획 – 화곡 30만 단지 – 동부이촌동 공무원아파트(한강아파트) – 세운상가지구가 불량지구개량사업지구로 지정
1967	– 주택은행법 제정(한국주택금고 설립) – 건축법 개정[대지면적 최소한도(1999-규제개혁으로 삭제), 건폐율규정] – 차관재개발 도입 – 사당동, 도봉동, 염창동, 거여동, 하일동, 시흥동, 봉천동, 신림동, 창동, 쌍문동, 상계동, 중계동 등지에 대규모로 정착지가 조성
1968	– 건축법에 조경관계 조항의 신설 – 시민아파트 건설: 서대문구 영천지구 19개동, 성동구 응봉지구에 4개동, 서대문구 창천지구에 3개 동 등 총 26개 동이며 69년부터 72년까지 건립된 시민아파트는 종로구 87동 중구 14동, 용산구 26동 등 총 426동 – 힐탑아파트(11층) – 광주대단지 이주사업(1968~1971)
1969	– 한국주택금고 한국주택은행으로 확대 – 제3한강교(한남대교) 건설 – 종로구 낙산시민아파트(5층, 41개동, 1,096세대)

연도	주거지 형성 관련 주요 법률, 조직과 영향
1970	- 남서울계획 발표 - 경부고속도로 개통 - 서울시 '미관지구 건축조례' 제정 - 10월 인구분산계획 확정발표 - 와우아파트 붕괴 - 서울시 주택의 30%가 불량주택지 19만 호 - 피어선아파트(11층), 성아아파트(11층), 정우아파트(12층) - 경부고속도로 건설 - 상가아파트: 청량리 대왕아파트, 동대문상가아파트, 낙원상가아파트, 을지로 삼풍아파트, 삼원데파트맨션
1971	- 도시계획법 개정(재개발사업을 도시계획사업으로 포함) - 제1차 국토종합개발계획(72~81) 　: 대도시 주변지역 개발제한구역 지정 - 인접대지 경계선과의 거리에 따른 건축물의 높이제한기준 신설(71.12.31) - 리버뷰아파트(10층), 순복음 아파트(14층) - 논현동 22번지 일대 12개 동 공무원 아파트(영동지구 활성화 조치) - 한강맨션, 여의도 시범아파트(우리나라 최초의 고층아파트 12~13층)
1972	- 주택건설촉진법 제정(공영주택법 폐지) - 특정지구개발촉진에 관한 임시조치법 제정(영동 1, 2지구)(1972~1978) - 영동지구 주택건립계획을 발표 - 주택건설 10개년계획(1972~1981) 250만 호 - 용적률 제도 시도(건축법 개정) - 도시계획법 개정(특정가구정비지구지정 가능) - 농지의 보전 및 이용에 관한 법률 제정 - 국토이용관리법 제정 - 남산 외인아파트
1973	- 주택 개량 촉진에 관한 임시조치법 제정(73~81) 　(여러 사업기법이 적용, 자력재개발의 근거, 70년대 중반~80년대 초반) - 주택개량재개발사업 도입 - 약 446만 평(14.71㎢)에 이르는 196개 주택개발재개발사업지구를 지정
1974	- 서울시는 잠실지구를 개발 - 반포1단지(주택공사에서 한강 이남에 처음 지은 아파트단지) - 여의도 삼익아파트(2동, 11층) 은하아파트(4동 12층) - 자력재개발 4개 지구 시행
1975	- 토지구획정리사업법 전면 개정(택지개발 시 아파트 단지용 대형부지확보) - 강북지역 택지개발 금지 - 서울시 '국민주택 및 부대시설 관리규정' 제정(민간아파트 공급개입) - 공공용지의 취득 및 손실보상에 관한 특례법 - 토지구획정리사업법개정(집단체비지의 조성근거 마련) - 자력재개발 3개 지구 시행 - 삼부아파트(6동 15층) 한양아파트(8동 12층) 현대아파트

연도	주거지 형성 관련 주요 법률, 조직과 영향
1975	− 방배삼호아파트 (→ 신방배 삼호, 방배 궁전, 방배 우성, 방배경남, 방배 삼익, 방배 소라)
1976	− 도시재개발법 제정(도시계획법에서 분리) − 아파트 지구 법제화(76.1) − 강·남북 용적률 차등조치(강북용적률 100 정도 강화) − AID 차관도입 개량재개발(76~82) − 잠실(1~4단지), 반포, 여의도, 압구정, 청담, 도곡, 이수, 이촌, 서빙고, 화곡, 원효, 구의지구 등 − 온수연립 건설(최초의 연립주택, 대한주택공사)
1977	− 서울시 아파트지구 건축조례 제정(용적률 200%)(77.7.1) − 주택건설촉진법 전면개정(골격 완성) − 주택청약제도 시행 − 분양가 상한제 시행 − 국민주택 우선공급에 관한 규칙 제정 − 서울시 아파트 층수 제한 12층에서 15층으로 완화 − 잠실5단지아파트 − 영동지구 16개 아파트 단지(1977~1985)
1978	− 국토이용관리법 개정(비도시지역) − 위탁재개발 도입 − 지하주차장, 거실 이외 지하층 바닥 용적률 제외 − 한국토지개발공사 설립 − 주택건설지정업체 주택규모, 호수 규정 − 주택청약예금제 실시 − 8.8 부동산 대책 발표(토지 투기 억제) − 국민주택 우선공급에 관한 규정 폐지하고 주택공급에 관한 규칙 제정 (주택가격 안정, 투기안정)(78.5)
1979	− 주택건설기준에 관한 규칙 제정(주택건설촉진법 하위법률) − 3월 서울시 공동주택사업승인 심의기준 − 대치동 은마아파트
1980	− 택지개발촉진법 제정(택지조성사업) − 주택 500만 호 건설 10개년 계획(81~91) − 도시설계제도(건축법) − 자연공원법 제정 − 도시공원법 제정 − 주택건설촉진법 시행령 주상복합 도입 − 서울시 아파트지구 건축조례 건축조례와 통합 − 서울시 주차장 설치 및 관리조례(3월)
1981	− 서울시 건축조례 제정(아파트지구 건축제한 조례 통합)(81.8.27) − 주택건설촉진법 개정 시행령 제32조(사업계획 승인대상 지정) − 지하층 용적률 산정 제외 − 도심고도기준제한 기준 발표

연도	주거지 형성 관련 주요 법률, 조직과 영향
1981	- 서울특별시 도시공원조례(4월) - 수도권 정비계획법 제정 - 주택임대차보호법 제정 - 도시재개발구역의 분할 시행 허용
1982	- 용적률 제한을 지역별 특성에 따라 자등 석용 가능한 근거 규정 마련 - 한강정비사업(82~86) - 상업지역 내 주상복합에 의한 주택사업은 주택건설촉진법상 사업승인대상에서 제외 - 임대주택육성방안 마련
1983	- 합동재개발 방식 도입(도시재개발법 민간개발업자참여) - 6대도시 토지구획정리사업 억제 조치 - 서울시 건축조례 개정 (일반주거지역 용적률 강북 250, 강남 300%) - 20배수 청약제, 채권입찰제 시행 - 수도권정비계획법 시행령 제정 - 과천(79~83) - 천호1구역(구로1-1 ?) 최초 적용 - 주거지역 용적률 강북 250, 강남 300 - 삼익, 신동아 아파트
1984	- 임대주택 건설촉진법 제정, - 1월 24일 서울시 합동재개발사업 세부시행지침 - 집합건물의 소유 및 관리에 관한 법률 제정 - 개포지구(81~84)
1985	- 다세대 주택 도입 - 건축법 시행령 개정(다세대주택이 공동주택의 일종으로 명시, 단독주택 필지 이용한 다세대주택 법적 근거 마련) - 다세대주택이 공동주택으로 분류되어 주택건설촉진법 및 건축법의 적용 - 건축면적 산정에 있어서 다세대 주택 및 단독주택의 옥외계단을 예외로 인정 - 교통영향평가제 시행 - 아파트지구 최소대지면적 규정 삭제 - 공동주택심의기준개정(건폐율, 용적률, 인동거리 등 완화) - 고덕지구(82~85) - 안산예술인 아파트(최초의 20층 아파트) - 1985년 이후 서울시 전체 주택건설 물량의 50% 이상을 다세대, 다가구 주택이 차지 - 합동재개발 완화
1986	- 6대도시 토지구획정리사업 금지 조치 - 용적률 지자체 조례 위임(건축법 13차 개정) - 공공 민간합동개발 방식 도입 - 다세대주택 건축허가 처리지침(8.16) - 국민주택규모기준이 85㎡ 이하에서 60㎡ 이하로 변경
1987	- 주택건설촉진법 개정(재건축 규정 도입, 기존의 주택조합에 재건축 조합 추가) - 택지개발 시 민간합동개발방식 도입

연도	주거지 형성 관련 주요 법률, 조직과 영향
1987	- 올림픽 선수촌 아파트(5,540세대)
1988	- 1988년 5월 이후부터 토지건물 소유자의 **90%** 이상의 동의를 얻어야 재개발 구역으로 지정 - 지자체에 의한 택지개발 확대, 지방공사 설립 - 주택건설 200만 호 계획(88~92) - 재건축 인허가 시작 - 목동지구(83~88) - 1988. 12. 마포아파트 재건축조합이 최초로 사업인가
1989	- 도시저소득주민의주거환경개선을위한임시조치법 제정(2004.12.31.까지 한시적 운용) - 서울시 11월 노후불량주택 재건축 업무지침 마련 - 서울시 재개발 임대주택제도 도입[서울특별시 합동재개발 운영지침에 임대주택건립 의무사항이 명시(임대주택 증가)] - 다가구 주택 법제화(건축법 개정 시) - 4월 수도권 내 5개 신도시(분당, 일산, 평촌, 중동, 산본) 계획 발표 - 서울시 도시개발공사 설립 - 서울 토지구획정리사업 중단 - 건축법 시행령 개정 - 12월(개발부담금제, 토지초과이득세, 택지소유상환제 제정) - 아파트 건축비 원가연동제 - 상계지구(85~89) - 소라아파트(89년 레미안아트빌로 재건축)
1990	- 주거지역 용적률 400 - 서울시 다가구주택 건축기준 - 건축법 내 다가구주택 법제화 - 주택건설촉진법의 다세대 건축에 관한 건축기준이 완화 - 도시기본계획 최초 법정화 - 도심공동화 방지방안(업무용 건물 위주의 건축에 따른 도심공동화 방지를 위해 주거공간 확보 시 인센티브 부여, 일반건물: 670% / 주상복합 670% 초과부분은 주거비율에 따라 1,000%까지 허용) - 산업입지와 개발에 관한 법률 제정 - 남산 제모습 가꾸기 기본계획과 사업
1991	- 건축법 완화: 건축물의 높이를 대지가 접하는 전면도로폭의 3배까지 조례로 정함. - 건축법 조례 개정(강·남북 용적률 차등조치 폐지, 사대문 안 유지) - 상세계획구역 제도 도입(도시계획법 개정) - 자치구 도시기본계획(91~95) - 주택건설기준 등에 관한 규정 제정
1992	- 재개발 시 주민의 2/3 이상의 동의를 얻어야 하는 것으로 완화 - 높이 제한 완화구역 지정 조치 - 일반주거지역세분화(1~3종) - 서울 정도 600년 기념사업계획
1993	- 노후아파트의 재건축에 관한 허용기준이 완화 → 재건축 증가

연도	주거지 형성 관련 주요 법률, 조직과 영향
1993	– 다가구주택 외부계단을 건축면적에 포함 – 임대주택법 제정 – 주택 300만 호 공급계획(93~97) – 지하공간이용 및 개발계획
1994	– 도심재개발기본계획에서 주상복합 건립 유도 – 주택건설촉진법 시행령 개정(단독주택 재건축 가능, 사업계획 승인요건 완화) – 주상복합건물 상업지역에서 준주거지역으로 확대. 주택호수도 200호 미만으로 확대 – 상세계획수립지침제정
1995	– 지방자치제 시행 – 주상복합 세대수 제한 폐지 – 주상복합 연면적 중 상업용도 비율 30% 이상으로 완화 – 주택분양가 1995년부터 단계적으로 폐지 – 도시재개발법 전문 개정(주택재개발기본계획 수립 의무화) – 택지개발업무처리지침 제정
1996	– 서울시 다가구주택 심의기준 제정 – 상세계획 운영지침 제정(서울시) – 주택건설촉진법 시행규칙 개정(재건축 안전진단 기관을 시설물의 안전관리에 특별법상의 안전진단기관과 일치시키고 안전진단의 기준을 정함)
1997	– 서울특별시 주택재개발사업조례를 개정하면서 의무사항이던 임대주택의 건립을 조건부 사항으로 완화(임대주택 감소) – 다가구주택 주차장 기준 마련 – 주택건설촉진법 개정(안전진단 강화, 회계감사제 도입)
1998	– 공동주택 용적률 300% – 주택재개발 기본계획에서 계획용적률 도입(공공시설부지의 확보비율에 따라 사업시행 인가 시 개발 가능 용적률이 구역별로 차등 적용되고 있다) – 분양가상한제 폐지 – 다세대다가구주택에 대한 건설자금 지원 포함 – 주상복합 연면적 중 주택 연면적 비율 90% 확대 – 주택 250만 호 공급계획(98~02) – 상세계획운영편람 제정(서울시)
1999	– 가로구역별 높이 규제 도입 – 건축법 개정(택지개발사업 등 계획적 개발 사업 10년 후에는 도시설계 지구 지정) – 전용주거지역 세분(1, 2종) – 주택건설촉진법 개정(주택건설절차 간소화＝재건축 결의요건 완화) – 주택건설촉진법 시행령 개정(재건축 조합원수 하향 조정)
2000	– 도시계획법 시행령 개정(주거지 종세분화 용적률 하향 조정) – 서울시는 새로운 도시계획 조례를 발표하여 재건축사업에 대한 용적률을 대폭 하향하는 제한 – 공동주택 용적률 250 – 토지구획정리사업법 폐지(도시개발법에 통합) – 도시개발법 제정(환지방식, 수용방식)

연도	주거지 형성 관련 주요 법률, 조직과 영향
2000	－ 지구단위계획 제도 도입 － 도시계획법 개정(도시건축물 집단규정을 도시계획법에 통합) － 서울시 도시계획조례 제정(2000.7) － 아파트지구 안의 건축제한 규정 신설(도시계획법 시행령 개정) － 아파트지구 개발기본계획 수립에 관한 조례 제정(조례 제3762호)
2001	－ 소형평형 의무비율 시행(건교부 고시)
2002	－ '도시 및 주거환경정비법' 제정 － 서울시주차장조례 다가구다세대주택 모두 세대당 1대
2003	－ 주택법 제정 － 서울특별시 지역균형발전 지원에 관한 조례 － 주차장 규제 강화 → 신규 주택의 80% 아파트 － '국토의 계획 및 이용에 관한 법률' 제정 － 국토기본법 시행 － 목동 하이페리온(69층)
2004	－ 타워팰리스(69층)
2005	－ 도시 재정비 촉진을 위한 특별법 제정(뉴타운 사업) － 1월 2종 일반주거지역 높이 완화(7→10층, 12→15층)
2006	－ 서울특별시 도시 재정비 촉진을 위한 조례 제정 － 3월 서울시 도시계획조례 평균층수 도입(평균 7층, 12층) 공공기여 시 평균 11층, 16층
2007	－ 경관법 제정
2008	－ 서울시 건축위원회 공동주택 심의 기준안 발표
2010	－ 서울시 휴먼타운사업 도입

참고문헌

강남구 공고 96-177호(1996.6.2.8 지정공고)

건설교통부. (1996). 건축행정편람.

건설교통부. (1999). 건축행정편람.

건축도시공간연구소. (2009). 기성주거지 공간관리 수요변화에 대응하는 정비 방식 다양화 방안.

고창배. (2003). 「주택 및 도시정책이 주상복합건물의 공급 및 입지에 미치는 영향과 정책효과」. 석사학위논문, 한양대학교, 서울.

공동주택연구회. (1999). 『한국공동주택계획의 역사』. 서울: 세진사.

공동주택연구회. (2004). 『도시집합주택계획 11+44』. 서울: 발언.

김광중. (1992). *Regulatory Impacts on Suburban Residential Form: A Case Study of Bellebue*. Ph.D. Dissertation, University of Washington, Seattle.

김도년·정재용·정상혁. (2003). 「삼차원적 도시관리 수단으로서의 건축물 높이기준 설정방향 연구」. 『대한건축학회논문집』, 19(3), 169~176.

김동찬·서준환·박유정. (2009). 「관련법규 변천이 아파트단지 내 어린이놀이터 변화에 미치는 영향 연구」. 『한국조경학회지』, 37(2), 26~35.

김문일. (2008). 「건축물 높이 규제에 관한 연구」. 박사학위논문, 서울시립대학교, 서울.

김용수·박찬용. (2006). 「도시경관계획을 위한 지표의 연구경향과 유형」. 『국토계획』, 41(5), 117~129.

김은희. (2007). 「서울 도심부 전통 도시구조의 변화 특성 연구」. 석사학위논문, 서울대학교, 서울.

김홍배. (2009). 「도심 단독주택지의 주거건축유형 변화에 따른 공간구조 및 밀도 특성에 관한 연구」. 박사학위논문, 홍익대학교, 서울.

대한주택공사. (1970). 주택조사통계.

___________. (1971). 주택조사통계.

___________. (1974). 주택조사통계.

___________. (1978). 대한주택공사 주택단지총람 1971~1977.

__________. (1979). 대한주택공사 주택단지총람 1954~1970.

__________. (1980). 주택통계편람.

__________. (1983). 주택핸드북.

__________. (1987a). 대단위 단지개발 사례연구.

__________. (1987b). 공동주택단지 인동 간 거리 규제 개선연구.

__________. (1992). 대한주택공사 30년사.

민경호. (1999). 「일반단독주택지의 물리적 특성과 주택의 변화에 관한 연구」. 박사학위논문, 성균관대학교, 수원.

박기범. (2005). 「주택 관련 법제에 따른 주거지 변천에 관한 연구」. 박사학위논문, 서울시립대학교, 서울.

박병주. (1987). 「주택지의 획지 가구의 계획적정규모 형태에 관한 연구」. 『국토계획』, 22(2), 21~36.

박인애. (2005). 「서울시 다세대주택의 성장과 주거지 변화특성」. 석사학위논문, 한국교원대학교, 청원.

박종철. (1989). 「시가지의 필지분합에 관한 연구」. 박사학위논문, 한양대학교, 서울.

발레리 줄레조(Valerie Gelezeau). (2007). 『아파트 공화국』. 서울: 후마니타스.

방재성·양병이. (2009). 「도시경관계획을 위한 경관유형 분류기준에 관한 고찰」. 『한국조경학회지』, 37(2), 78~89.

방재성. (2011). 「서울시 주거지 경관변화에 미친 개발관련 법제의 영향」. 박사학위논문, 서울대학교 환경대학원, 서울.

배경동. (2007). 「주택공급정책이 도시계획 왜곡현상에 미친 영향에 관한 연구」. 박사학위논문, 서울시립대학교, 서울.

서울시정개발연구원. (1993). 서울시 도시경관 관리방안 연구 1.

__________. (1994a). 서울시 도시경관 관리방안 연구 2.

__________. (1994b). 한강연접지역 경관관리방안 연구.

__________. (1994c). 일반주택지역 정비모델 개발.

__________. (1995). 주택시가지 주거밀도에 관한 연구.

__________. (1996a). 서울시 용도지역 세분화 기준설정 연구.

__________. (1996b). 서울시 주택개량 재개발 연혁연구.

__________. (2001a). 서울 20세기 공간변천사.

__________. (2002a). 서울시 도시계획 및 개발정책 발전과정 연구

__________. (2002b). 재개발, 재건축의 제도 변천 연구.

__________. (2003a). 서울시 주요 하천변 경관 개선방안 연구.

__________. (2003b). 지역적응형 가구단위 주거지 정비방안.

___________________. (2006). 서울시 일반주택지내 과다열 밀집지역의 가구단위 정비모델 개발 연구.

___________________. (2007). 초고층주택의 보완과제와 개선방안.

___________________. (2008). 대규모 저밀도 아파트 재건축사업의 평가와 개선방안.

___________________. (2009). 서울의 도시형태 연구.

서울특별시. (각 연도). 서울통계연보.

_________. (1971). 시정개요.

_________. (1974). 잠실지구 종합개발 기본계획.

_________. (1978). 주택백서.

_________. (1984). 서울 토지구획정리 연혁지.

_________. (1985). 개포지구 도시설계.

_________. (1989). 건축행정편람.

_________. (1991). 서울시 도시계획 연혁.

_________. (1996). 공동주택 주거환경 개선 및 도시경관 보호 대책.

_________. (2000). 잠실아파트지구 개발 기본계획(변경) 보고서.

_________. (2001a). 서울도시계획연혁.

_________. (2001b). 공동주택단지 현황.

_________. (2003). 서울의 주요 하천변 경관개선방안 연구.

_________. (2004). 2010 도시주거환경정비기본계획(주택재개발/주거환경개선사업부문).

_________. (2005a). 서울시 경관관리 기본계획.

_________. (2005b). (2003-2012) 서울주택종합계획 보고서.

_________. (2006a). 2020년 서울도시기본계획.

_________. (2006b). 정주환경 개선을 위한 도시계획적 대응방안.

_________. (2007). 서울시 일반주거지역 종별 관리방안 연구.

_________. (2008). 사진으로 보는 서울 5: 팽창을 거듭하는 서울(1971~1980).

_________. (2009a). 서울특별시 기본경관계획.

_________. (2009b). 서울특별시 시가지경관계획.

_________. (2009c). 서울시 대규모개발사업 실태분석과 평가연구.

서울특별시 보도자료. 2010. 4. 14.

성동구. (2001). 성동 주택재개발 백서.

______. (2006). 한눈으로 보는 성동의 10년: 1996~2005.

손세관. (2000). 『도시주거 형성의 역사』. 서울: 열화당.

______·하재명·염우현·한기정. (1996).「가로체계 및 필지조직을 중심으로
　　한 서울의 도시조직 변화과정에 관한 연구」.『국토계획』, 31(3), 21~36.
송파구. (2004). 잠실 아파트지구 단지계획.
______. (2009). 잠실 저밀도지구 재건축 백서.
송호창. (2008).「수도권 주상복합아파트의 지역 및 주택규모별 가격결정요인
　　에 관한 분석」. 석사학위논문, 한양대학교, 서울.
양승우. (1988).「서울 도심부 도시형태 변화과정에 관한 연구」. 석사학위논문,
　　서울대학교, 서울.
______. (1994)「조선후기 서울의 도시조직 유형연구」. 박사학위논문, 서울대
　　학교, 서울.
______. (2000).「독일의 도시형태학 발전과정에 관한 연구 Ⅰ」.『국토계획』,
　　35(3), 1~13.
______. (2002).「독일의 도시형태학 발전과정에 관한 연구 Ⅱ」.『한국도시설계
　　학회지』, 8(3), 5~16.
이경찬. (1992).「필지체계를 통해서 본 도시공간구조의 변화특성에 관한 연구」.
　　박사학위논문, 서울대학교, 서울.
이상구. (1993).「조선후기 도시입지형태 연구」. 박사학위논문, 서울대학교, 서울.
이정은. (2007).「서울단독주택지역의 주거환경변화에 관한 연구」. 석사학위논
　　문, 서울대학교, 서울.
임서환. (2005).『주택정책 반세기』. 서울: 기문당.
임승빈. (1991).『경관분석론』. 서울: 서울대학교 출판부.
______. (2008).『도시경관계획론』. 서울: 집문당.
임창복. (1989).「한국 도시 단독주택의 유형적 지속성과 변용성에 관한 연구」.
　　박사학위논문, 서울대학교, 서울.
______·서기영. (2000).「도시주거지 내 주거유형의 변화에 관한 연구」.『대한
　　건축학회논문집』, 16(11), 121~128.
유주형·이규목. (2001).「유형형태학적 도시경관 연구방법의 시론적 고찰」.『한
　　국도시설계학회지』, 4(1), 43~59.
장재일. (2001).「단독주택지의 도시조직 변화에 관한 연구」. 석사학위논문, 서
　　울대하교, 서울.
전병권. (2004).「서울시 단독주택지의 변화와 주거건축유형의 적용에 관한 연
　　구」. 박사학위논문, 홍익대학교, 서울.
전상인. (2009).『아파트에 미치다』. 서울: 이숲.
정태일·오덕성. (2003).「우리나라 경관관련 법, 제도 및 계획 속에 나타난 경

관유형과 제어요소에 관한 연구」.『대한건축학회논문집』, 19(10), 111~120.

조준범. (2003).「도시건축제도와 서울 북촌 도시조직의 변화」. 박사학위논문, 서울시립대학교, 서울.

주종원. (1981).「서울시 도시형태 형성에 관한 연구」.『국토계획』, 16(2), 85~100.

진영효. (2008).「서울 도심부의 역사적 도시형태 변화 유형과 특성」. 박사학위 논문, 서울대학교, 서울.

최막중. (1995).「주택정책 및 공간정책의 도시개발 패러다임에 의한 신개발과 재개발의 평가와 대안」.『주택연구』, 3(2), 29~53.

최창규. (2004).「개발에 있어 일조권사선제한의 영향력 해석」.『공간과 사회』, 22, 136~153.

한국과학기술원 부설 지역개발연구소. (1981). 다세대 거주 단독주택의 활용방 안에 관한 연구

한국조경학회(편). (2004).『도시경관계획 및 관리』. 서울: 문운당.

한기정. (1995).「도시조직 변화에 관한 형태학적 연구」. 석사학위논문, 중앙대 학교, 서울.

한필원. (2004).「대전 구도심 주거지의 필지체계 및 주택유형에 관한 조사연 구」.『대한건축학회논문집』, 20(4), 191~202.

홍인옥. (1997).「서울시 단독주택지역의 변화유형과 특성에 관한 연구」. 박사 학위논문, 서울대학교, 서울.

황기원. (1984).「문화경관론에 의한 도시경관의 해석이론 및 기법」.『환경논총』, 15, 94~107.

______. (1989).「경관의 다의성에 관한 고찰」.『한국조경학회지』, 21(3), 135~140.

______ · 유병림 · 이민우. (1993).「한국 항만도시의 도시경관의 형성과 변화 에 관한 연구(Ⅰ)」.『한국조경학회지』, 20(4), 76~92.

Bramley, G., and Kirk, K. (2005). Does planning make a difference to urban form? recent evidence from central scotland. *Environment and Planning A, 37*(2), 355~378.

Conzen, M. R. G. (1960). *Alnwick, Northumberland: a study in town-plan analysis.* Institute of British Geographers Publication No. 27. London: reprinted with minor amendments and Glossary.

Larkham, p.J. (1988). Agents and types of change in the conserved townscape. *Institute of British Geographers, 13*(2), 148~164.

__________. (2006). The Study of urban form in great britain. *Urban Morphology, 10*(2), 117~141.

Meinig, D. W. (Ed.). (1979). *The Interpretation of Ordinary Landscapes*. New York: Oxford University Press.

Moudon, A. V. (1994). Getting to know the built landscape: Typomorphology. In A. F. Karen., H. S. Lynda. (Eds.), *Ordering Space: Types in Architecture and design* (pp.289~314). New York: Van Nostrand Reinhold.

__________. (1997). Urban morphology as an emerging interdisplinary field. *Urban morphology, 1*, 3~10.

Rapoport, A. (1985). 『주거형태와 문화』, (이규목, 역). 서울: 열화당. (원서출판 1969).

Waldheim, C. (2007). 『랜드스케이프 어바니즘』, (김영민, 역). 서울: 조경. (원서출판 2006).

Whitehand, J. W. R. (Ed.). (1981). *The Urban landscape: historical development and management*. Institute of British Geographaers Special Publication No. 13. London: Academic Press.

__________ (1992). *The Making of the urban landscape*. Oxford: Blackwell.

__________ (1988). The Changing urban landscape: The case of london's high-class residential fringe. *Geographical Journal, 154*(3), 351~366.

__________ (1990). Makers of the residential landscape: conflict and change in outer London. *Institute of British Geographers, 15*(1), 87~101.

__________, and Morton, N. J., & Carr, C. M. H. (1999). Urban morphogenesis at the microscale: How houses change. *Environment and Planning B, 26*(4), 503~515.

http://mapotoday.tistory.com/4364

방재성

한양대학교 건축학과와 경기대학교 건축전문대학원에서 건축설계를 공부하였다. 건축 및 도시설계 실무 후에 서울대학교 환경대학원에서 조경학 박사학위를 취득하였다. 박사학위 과정 중에는 서울대학교 환경계획연구소와 한국인공지반녹화협회에서 근무하였고 건축사를 취득하였다. 경기대학교 건축대학원, 중앙대·세종대·배재대·중부대학교 등에서 건축 및 도시 관련 과목을 강의하였다.

경제적 가치나 힘의 논리만으로 돌아가는 화려한 도시보다 조금 촌스럽고 불편하더라도 소외받는 사람이 없는 따뜻한 도시를 꿈꾸며 일하고 있다.

현재는 한국건설기술연구원 미래건축연구실에서 생태건축 및 생태도시를 연구하고 있다.

서울시 주거지
경관문제의 이해

변화와 재생의 관점에서 보기

초판인쇄 | 2012년 4월 6일
초판발행 | 2012년 4월 6일

지 은 이 | 방재성
펴 낸 이 | 채종준
펴 낸 곳 | 한국학술정보㈜
주   소 | 경기도 파주시 문발동 파주출판문화정보산업단지 513-5
전   화 | 031) 908-3181(대표)
팩   스 | 031) 908-3189
홈페이지 | http://ebook.kstudy.com
E-mail | 출판사업부 publish@kstudy.com
등   록 | 제일산-115호(2000. 6. 19)

ISBN   978-89-268-3275-2 93540 (Paper Book)
         978-89-268-3276-9 98540 (e-Book)